本著作由教育部人文社科项目经费资助

项目编号：09YJC870019

XUESHU JIGOU ZHISHIKU
XIAOYI MOSHI YANJIU

# 学术机构知识库
# 效益模式研究

李大玲 杨 琪 赵秀敏 ◎ 著

知识产权出版社

全国百佳图书出版单位

图书在版编目（CIP）数据

学术机构知识库效益模式研究 / 李大玲, 杨琪, 赵秀敏著. — 北京：知识产权出版社, 2016.6
ISBN 978-7-5130-2928-5

Ⅰ.①学… Ⅱ.①李… ②杨… ③赵… Ⅲ.①学术机构 – 知识库 – 经济效益 – 研究 Ⅳ.①G311

中国版本图书馆CIP数据核字（2014）第 194794 号

**内容提要**

本书从学术机构知识库可持续发展的视角，对国内外机构知识库发展进行持续跟踪的基础上，对机构知识库发展情况从多个维度进行了分析；研究了学术机构知识库可持续发展的影响要素构成及模型，并进行了实证研究；提出了学术机构知识库生命周期阶段论，并分析了生命周期不同阶段成本的构成及成本转化；最后，从投资人、图书馆、用户、科研人员、学术机构等机构知识库参与主体的角度，对机构知识库的效益进行了分析。

本书可作为科研机构研究和建设机构知识库参考，也可为图书馆学的教学提供参考。

**责任编辑：** 安耀东

**学术机构知识库效益模式研究**
XUESHU JIGOU ZHISHIKU XIAOYI MOSHI YANJIU
李大玲　杨　琪　赵秀敏　著

| | | | |
|---|---|---|---|
| 出版发行：知识产权出版社 有限责任公司 | 网　　址：http://www.ipph.cn |
| 电　话：010 – 82004826 | 　　　　　http://www.laichushu.com |
| 社　　址：北京市海淀区西外太平庄55号 | 邮　　编：100081 |
| 责编电话：010 – 82000860转 8534 | 责编邮箱：an569@qq.com |
| 发行电话：010 – 82000860转 8101 / 8029 | 发行传真：010 – 82000893 / 82003279 |
| 印　　刷：北京中献拓方科技发展有限公司 | 经　　销：各大网上书店、新华书店及相关专业书店 |
| 开　　本：720mm×1000mm　1/16 | 印　　张：8 |
| 版　　次：2016年6月第1版 | 印　　次：2016年6月第1次印刷 |
| 字　　数：125千字 | 定　　价：41.00元 |

ISBN 978 – 7 – 5130 – 2928 – 5

# 目　录

第一章　相关概念界定 ………………………………………………1

　　1.1　知识库 …………………………………………………………1

　　1.2　学术机构知识库 ………………………………………………2

　　1.3　学术机构知识库相关利益者 …………………………………3

　　1.4　学术机构成本效益 ……………………………………………4

　　1.5　学术机构知识库可持续发展 …………………………………5

　　参考文献 ……………………………………………………………6

第二章　学术机构知识库发展的现状 ……………………………8

　　2.1　学术机构知识库发展的缘起 …………………………………8

　　2.2　国外机构知识库的发展情况 …………………………………11

　　2.3　国内研究发展现状 ……………………………………………31

　　参考文献 ……………………………………………………………40

第三章　学术机构知识库可持续发展影响因素 ………………41

　　3.1　学术机构知识库可持续发展影响因素构成维度 ……………42

　　3.2　学术机构知识库可持续发展影响因素模型构建 ……………48

　　3.3　研究假设 ………………………………………………………49

　　参考文献 ……………………………………………………………50

第四章　学术机构知识库可持续发展影响因素调研 …………51

　　4.1　问卷调查表的设计 ……………………………………………51

　　4.2　调查数据收集与分析 …………………………………………52

第五章　基于学术机构知识库生命周期的成本分析 …………72

　　5.1　学术机构知识库成本的定义 …………………………………72

5.2 学术机构知识库生命周期 ·························································· 73

5.3 基于学术机构知识库生命周期的成本构成 ·········· 93

5.4 学术机构知识的成本转嫁 ············································ 105

参考文献 ···································································································· 110

第六章　学术机构知识库效益 ······································································ 112

6.1 学术机构知识库效益的内涵 ······································ 112

6.2 学术机构知识库效益的组成 ······································ 112

参考文献 ···································································································· 123

# 第一章　相关概念界定

为了更好地理解本研究内容,需要对研究相关的几个概念进行辨析,从而避免在研究问题理解上出现误差。下面将对知识库、学术机构知识库、相关利益者、成本效益、可持续发展等概念进行辨析。

## 1.1　知识库

知识库的概念出现在数据库研究、人工智能、知识管理领域和知识工程中。首先,知识库(knowledge base)是数据库理论研究的产物。正如 Codd 所说:"数据库是把数据从应用程序中分离出来,交给系统程序处理。"知识库类似地把知识从应用程序中分离出来,并交给知识系统程序进行处理。从存储知识的角度看,知识库以描述型方法来存储和管理知识,是事实、规则和概念的集合。事实在知识库中是短期信息,这种信息在与用户交互过程中迅速改变。规则是从专家的经验中总结出来的知识,是长期信息。概念包含信念和常识。其次,在人工智能领域,知识库指以特定的存储结构存储领域知识,包括事实和可行的操作与规则等。再次,在知识管理领域,知识库的理论涉及知识表达、知识模式、递归信息元素、目标与定向模型、知识检索和知识传递等。知识库形成一个知识域,包含非精确推理、归纳和演绎方法,面向约束的推理,逻辑查询语言,语义查询优化和自然语言访问等。最后,知识库在知识工程中是结构化、易操作、易利用、全面有组织的知识集群,是针对某一(或某些)领域问题求解的需要,采用某种知识表示方式在计算机存储器中存储、组织、管理和使用的互相联系的知识片集合。

从上面的介绍可以看出,虽然知识库作为一个概念,出现在不同的领域中,有不同的定义,但总的来讲,知识库是事实、规则和概念的集合,能够以特定的结构存储领域知识,并通过知识表达、知识序化,起到加快知识和信息流动的作用,能够有利于知识共享与交流,促进组织的协作与沟通。

## 1.2 学术机构知识库

学术机构知识库的英文是 Institutional Repository（IR），业内也称为机构知识库，"学术典藏库""机构库""学科知识库""机构仓储""机构型电子文献库""机构知识库"，香港科技大学翻译成"知识成果全文仓储"，我国台湾地区的研究者翻译成"机构典藏"。[1-9]下面从研究内容及其语义来源的角度对IR进行一个合理的定义。

自从2002年Raym Crow第一次把IR定义为"获取和保存一个或多个大学的智力产出的数字化集合"之后[10]，Clifford A. Lynch、Mark Ware、Cathrine、Carol Ann Hughes、MacKenzie Smith、Richard K. Johnson、David Prosser和李广建等国内一些专家学者都对IR进行了定义。[11-18]虽然这些定义对IR的描述并不相同，但通过仔细分析，可以看出有关IR的定义可以划分为两大类，一类侧重于对IR是一种服务体系的论述，持这种观点的文献认为以机构为基础的IR是一整套的服务体系，它是某一机构对其机构或社区内工作人员所产生的数字学术成果进行管理、传播、存储，并向其社区内外工作人员提供这些资源有效使用的服务体系。另一类文献主要侧重强调IR的机构性、学术性、累积和持久性、开放和互操作性。认为IR是对一个或多个大学社区工作人员所产生的智力成果进行数字收集和保存，并向机构内外的终端用户提供无获取障碍的使用，它是学术交流体系改造中的重要组成部分，也是对机构品质的一个明确体现。

综合各家之言及本研究内容，笔者认为IR是在信息化、网络化环境下，以方便学术资源存取、促进学术交流、提升学术机构核心竞争力为目的，利用信息技术和知识技术，依附于特定学术研究机构或者学术联盟而建立的服务和数字化学术数据库的集合。它收集、整理并长期保存该机构及其社区工作人员和学术团队所产生的学术成果，并将这些资源进行规范、分类、标引后，按照开放标准与相应的互操作协议，允许机构及其社区内外的工作人员通过互联网来免费地获取使用。它不同于知识管理系统中的机构知识库，而是把知识管理的理论和方法应用到学术机构中，主要是研究性的大学和研究所。

因此，IR是一个关于学术机构知识管理的概念。在IR的中文翻译中，学术典藏库、机构库、学科知识库、机构仓储、机构型电子文献库、机构知识库、知识成果全文仓储、机构典藏等要么没有突出知识管理，要么没有突出学术机构，所以都不是翻译的最佳选择。

笔者认为,一个得体的翻译,必须全面考虑这个语词的字面意义和它实际所指的内容。从语词意义上看,institutional指机构的、机构性质的、公共机构特征的、惯例的、制度上的等意思;repository指仓储、知识宝库、储存库。从所指的内容上看,IR的建设和主要研究目的是促进学术机构的学术交流和学术成果的推广,从而促进学术创新。有"知识宝库"意思的repository在实际中并不是只注重仓储,而是注重知识管理,这和翻译成"知识库"的知识管理中的知识库"knowledge base"概念有着同样的知识管理内涵。知识管理中的知识库主要是为了把显性知识整理成文件,并把这些知识储存起来,以容易获得的形式流通。换言之,就是将知识转化成有形的符号,进行结构化,建立索引系统,供查询使用。知识库的价值在于知识的活用,而非文件的管理本身。知识库管理的焦点是未来的知识,所以知识库管理必须与创造未来价值的活动相结合。因此,从内容上看,把repository翻译成"知识库"这个侧重知识管理的概念是合乎IR的实际情况的,而把institutional翻译成学术机构又更合乎IR研究对象的实际,同时也与"机构"一词没有语义上的冲突。所以,笔者主张把IR翻译成"学术机构知识库",这样既能突出学术机构和学术交流的特征,又能体现出IR的目的。

## 1.3　学术机构知识库相关利益者

相关利益者(stake holders)一词最早由斯坦福研究所于1963年提出来。其目的是指研究企业运营中经营阶层必须关注利益相关者的需求利益,否则会危及机构的生存和发展。学术机构知识库的利益相关者的定义根据范畴不同,可以分为三种类型。第一类是最宽泛的定义,即凡是能影响机构知识库建设与服务活动或被机构知识库所影响的人或团体都纳入利益相关者的范畴。机构知识库资金提供者(学术机构、基金及其他资金提供者)、建设人员、维护人员、服务人员、数字内容提供者、用户、政府部门、相关的社会组织和社会团体、周边的社会成员等均纳入利益相关者范畴。第二类较第一类范围窄,凡是与机构知识库有直接关系的人或机构才是利益相关者,这就排除了一些间接与机构知识库有关系的部门、团体、机构和成员。第三类范围最窄,认为只有那些为学术机构投资的人或者团体才算是利益相关者。

从学术机构知识库可持续发展的角度,本研究采用第二种分类界定学术机构知识库相关利益者,认为学术机构知识库的利益相关者是一个学术机构知识库相关活动的合法、稳定、长期的参与者(包括个人或群体)。他们被自己的利益和目标所驱动,通过交换关系的存在建立起来,向机构知识库提供关键性资源,以取得其目标的实现。他们能够影响学术机构知识库目标的实现,对机构知识库有合法的权利。利益相关者是学术机构知识库实现目标必须依赖的人或群体。根据学术机构知识库建设、运维与服务的不同环节,我们对相关利益者进行了划分,如表1.1所示。

表1.1 机构知识库相关利益者分类

| 阶段 | 参与者 | 相关利益者 |
|---|---|---|
| 建设阶段 | 建设参与者 | 建设资金提供者(学术机构、基金会、委员会等)、开发人员、建设规划与管理人员 |
| 运维阶段 | 运维参与者 | 维护资金提供者、技术维护人员、内容维护人员、维护管理人员 |
| 服务阶段 | 服务参与者 | 内容提供者、知识产权所有者(包括机构知识库内容的作者、正式出版物的版权拥有者、出版商)、机构知识库组织者、用户 |

机构知识库建设和维护资金提供者,包括学术机构知识库所在的学术机构的决策者、学术机构联盟或提供项目支持的基金会或委员会等。建设资金提供者和维护资金提供者均为投资人。机构知识库的可持续发展可充分调动学术机构知识库相关利益者的积极性。

## 1.4 学术机构成本效益

成本效益分析作为机构知识库可持续发展的研究内容之一,既有优点,又有缺点。优点是在于并非所有的成本和效益都可以用货币来衡量,特别是社会效益,只能进行定性分析。成本与收益是社会生产经营活动中最基本也是最重要的两个指标。无论是生产商品还是提供服务,一个组织机构都要投入成本。学术机构知识库建设、运营维护和服务,同样也需要投入成本。缺点是机构知识库的成本主要包括机构知识库建设成本、维护成本、服务成本;效益主要包括经济效益和服务效益两部分,以服务效益为主。建设成本主要是立项建设机构知识库需要投入的资金和人力成本;资金成本主要用户购置服务器,平台搭建等费用,对内容提供人员进行培训的费用,知识内容二次加工费用等;维护成本主要是为了实现机构知识库的正常运行所需要投入的资金和人力成本;如网络费用、电费、材料费用等;服务成本主要包括为了服务进行的二次开发、资金、人力、信息成本。

## 1.5 学术机构知识库可持续发展

可持续发展一词最早出现在1980年,国际自然保护同盟(IUCN)制定的《世界自然资源保护大纲》,提出确保全球的可持续发展。《我们共同的未来》最早提出"可持续发展"的定义,认为可持续发展是指既满足当代人的需要,又不对后代人满足其需要的能力构成危害的发展。[19]此后相继出现了百余种关于可持续发展的表述,如有人从经济属性出发,把可持续发展定义为在不损害后人的利益时,从资产中可以得到的最大利益。以科学技术属性为出发点的观点认为,可持续发展是建立极少废料和污染物的工艺和技术系统。以社会属性为出发点的观点认为,可持续发展是为全世界而非少数人的特权而提供公平机会的经济增长,不进一步消耗世界自然资源的绝对量和涵容能力。以上可持续发展主要是相对于整个社会而言的。学术机构知识库的可持续发展是社会发展的一个点,其可持续发展主要是为了保证机构知识库健康、长期、持续的发展,需要建立在学术机构知识库相关利益者之间的生态平衡、群体公平及利益相关者自身发展决策基础之上,使各利益相关者相互协调,促进机构知识库的稳定持续发展,在满足现有的知识存储与服务的基础上,为未来技术的发展和服务的拓展提供生存和发展空间。学术机构知识库可持续发展体现了公平性、持续性和共同性的基本原则。公平性原则包含现有机构知识库利益相关者之间的公平,现有与未来参与者之间的公平和有限资源的分配公平。持续性原则指发展的过程应该联系、无间断地进行,即发展不能损害相关利益者的利益,不能超越各相关利益者的承载能力。共同性原则是指机构知识库的可持续发展是知识共享和开放获取发展的总体目标,其公平性和持续性原则是共同的。通过对十年来国内外学术机构知识库发展现状的文献分析,可以发现普遍存在可持续发展的危机。导致这一危机的原因有很多,比如各个大学对学术机构知识库的态度不是完全认同,甚至有极端的理解,学术机构知识库成员的自存储积极性不高等内容建设方面问题,学术机构知识库的承建者面临的资金、技术和政策等种种困难,这些都影响学术机构知识库的可持续发展。

# 参考文献

[1]厦门大学图书馆.厦门大学学术典藏库[EB/OL].(2013-07-05)[2014-09-01].http://dspace.xmu. edu.cn/dspace/.

[2]Libseeker.机构库学习资料[EB/OL].(2013-05-06)[2014-09-01].http://blog.sina.com.cn/s/blog_ 4b01f015010006sr.html.

[3]柯平,王颖洁.机构知识库的发展研究[J].图书馆论坛,2006,26(6):243-248 .

[4]祝忠明,马建霞,张智雄,等.中国科学院联合机构仓储系统的开发与建设[J].图书情报工作,2008, 52(9):90-93,144.

[5]李大玲.学术机构知识库构建模式研究[M].上海:上海交通大学出版社,2009:44.

[6]中国科学院文献情报中心.中国科学院文献情报中心机构知识库[EB/OL].(2013-04-06)[2014- 09-01]. http://ir.las.ac.cn/.

[7]香港科技大学图书馆.HKUST institutional repository[EB/OL].(2009-04-01)[2014-09-01].http:// repository.ust.hk/dspace/.

[8]台湾大学图书馆.台湾大学机构典藏[EB/OL].(2013-02-08)[2014-09-01]. http://ntur.lib.ntu.edu. tw/.

[9]李大玲,柯平.基于知识管理的学术机构知识库激励模式研究[J].图书情报工作,2009,53(10):98- 101.

[10]CROW R.The case for institutional repositories:a SPARC position paper[J/OL]. ARL,2002(8) [2014-09-02]. http://www.sparc.arl.org/sites/default/files/media_files/instrepo.pdf.

[11]LYNCH C A. Institutional repositories: essential infrastructure for scholarship in the digital age[J]. Libraries and the Academy,2003(2): 327-336.

[12]WARE M. Pathfinder research on web-based repositories[EB/OL]. (2008-12-01)[2014-09-02]. http://www.markwareconsulting.com/wordpress/wp-content/uploads/2008/12/pals-report-on-institu- tional-repositories.pdf.

[13]CATHRINE,HUGHES C A. Arrow: Australian research repositories online to the world[EB/OL]. (2009-10-15)[2014-02-21]. http://eprint.monash.edu.au/archive/00000046/.

[14]HUGHES C A.Escholarship at the University of California:a case study in sustainable innovation for open access[J]. New Library World 2004,105(3/4): 118−124.

[15]SMITH M. DSpace for e- print archives[J/OL]. High Energy Physics Libraries Webzine,2004(9) [2010−09−20]. http://library.cern.ch/HEPLW/9/papers/3/.

[16]JOHNSON R K. Institutional repositories: Partnering with faculty to enhance scholarly communication[J/OL]. D- Lib Magazine,2002,8(11) [2014−09−20]. http://www.dlib.org/dlib/november02/johnson/11johnson.html.

[17]PROSSER D.Information revolution:can institutional repositories and open access transform scholarly communications?[J/OL].The ELSO Gazette,2003(15):1−5[2014−09−20]. http://www.the- elso- gazette.org/magazines/issue15/features/features1.asp.

[18]李广建,黄永文,张丽,等.IR:现状、体系结构与发展趋势[J].情报学报,2006,25(2):236−241.

[19]世界环境与发展委员会.我们共同的未来[M].长沙:湖南教育出版社,2009.

# 第二章 学术机构知识库发展的现状

## 2.1 学术机构知识库发展的缘起

近年来,随着电子出版的迅猛发展,数字资源由于其可检索、可获得、传递方便和可利用性相对纸质文件资源更强,文献数据库包含的电子期刊、电子图书等数字文献市场逐渐侵蚀纸质出版市场,越来越多的研究人员使用数据库来获取文献资源,造成了各类科研机构中纸质资源的采购比例逐年下降。甚至部分研究机构已经停止了纸质文献资源的采购。当数据库商羽翼已丰,科学研究大量依赖数据库的文献资源时,科研机构在数据资源商面前的议价能力越来越弱,而数据库资源的采购和利用从最初节约馆藏空间、方便用户使用、提高利用率的优势,到逐渐产生了一些问题,比如利用费用的增加,如资源使用费、平台使用费、文献下载费、专线访问费等方面涨价幅度大,远远超过通货膨胀的涨幅,特别是一些外文资源数据库保持了较高的年度价格涨幅。

2012年1月13日一篇报道,揭示2010年科学技术和医药学术出版商的利润(见表2.1)。[1]

表2.1 科技出版商2010年利润情况

| 出版商 | 收入 | 利润额 | 利润率/% |
|---|---|---|---|
| Elsevier科技与医学部 | 20亿英镑 | 7.24亿英镑 | 36 |
| Springer的科技与商业媒体 | 8.66亿英镑 | 2.94亿英镑 | 33.9 |
| John Wiley & Sons | 2.53亿美元 | 1.06亿美元 | 42 |
| Informa Plc学术分部 | 1.45亿英镑 | 0.47亿英镑 | 32.4 |

经对 Elsevier2002~2014 年的年报分析可知,在过去的 13 年里,其利润率保持在 30% 以上的水平,特别是从 2006 年开始,利润率呈现逐年上升趋势(见表 2.2)。

表2.2　Elsevier 科技和医药领域近 10 年的利润增长情况

| 年份 | 收入/亿英镑 | 调整后运营利润/亿英镑 | 利润率/% |
|------|-----------|---------------------|---------|
| 2002 | 12.95 | 4.29 | 33.13 |
| 2003 | 13.81 | 4.67 | 33.82 |
| 2004 | 13.63 | 4.60 | 33.75 |
| 2005 | 14.36 | 4.49 | 31.27 |
| 2006 | 15.21 | 4.65 | 30.57 |
| 2007 | 15.07 | 4.77 | 31.65 |
| 2008 | 17.00 | 5.68 | 33.41 |
| 2009 | 19.85 | 6.93 | 34.91 |
| 2010 | 20.26 | 7.24 | 35.74 |
| 2011 | 20.58 | 7.68 | 37.32 |
| 2012 | 20.63 | 7.80 | 37.81 |
| 2013 | 21.26 | 7.87 | 37.02 |
| 2014 | 20.48 | 7.62 | 37.21 |

数据来源:RELX Group.RELX Group annual reports and financial statements 2014 [EB/OL]. (2014−12−31) [2015−03−06].http://www.relx.com/investorcentre/reports%202007/Pages/2014.aspx.

一方面是科技资源商不断提价,利润率不断提升,另一方面,科研机构的文献经费却没有同步增长,越来越受到数据库商的牵制,学术文献资源的价格上涨,影响了学术交流的顺畅,严重影响了知识的传播。2012 年,在硅谷开公司的数学博士 Tyler Neylon,受到英国数学家 Tim Gowers 一篇有关抵制世界上最大的出版商爱思唯尔集团博文的启发,建立了一个名为"知识的代价"的网站。[2]他提出,多年来学者抗议爱思唯尔的商业活动并没有取得什么效果,他们的反对意见如下:①他们

(爱思唯尔)对订阅单个期刊收取不可思议的天价。②许多图书馆面对这样的天价,只得选择同意购买大量的"捆绑"期刊,而其中许多期刊并非是这些图书馆本想要的。爱思唯尔从中获取了巨大的利润。③支持诸如"禁止网络盗版法案"(SOPA)"保护知识产权法案"(PIPA)的活动,旨在限制信息的自由交流。④所有这些问题的关键,是作者希望他们的成果易于被他人获取的权利受到了限制。如果你想公开发布成果,你将不会支持任何爱思唯尔期刊的做法,除非他们从根本上改变这样的运作方式。截至2015年12月,全球有15476名科学家在网站上签名抵制爱思唯尔旗下的期刊发表论文,不做审稿人或不担任编辑。2012年4月,哈佛教授委员会向全校教师公布的一份备忘录指出,哈佛大学图书馆遇上了"防守不了的形势"。认为,大的期刊出版商不断涨价,已经使目前的学术交流环境在经济上"不可持续",哈佛大学每年花在期刊上的钱达到了375万美元。一些期刊每年订阅价格高达4万美元。在过去6年里,两家出版商的电子文献价格已经涨了145%。该委员会向哈佛大学师生征集意见,如建议哈佛师生将自己的论文提交到"DASH"——哈佛自己的向所有读者提供免费访问的知识库,或者考虑向免费的"开放获取"期刊投稿。如果教师担任期刊编辑,可推动该期刊成为"开放获取"期刊,如果不行的话,可以考虑辞职。"开放获取"期刊,即免费向公众公布研究成果的期刊。美国康奈尔大学图书馆的"arXiv.org",是世界著名的"开放获取"电子文库。俄罗斯数学家格里高利·佩雷尔曼证明数学难题庞加莱猜想的论文,就发表在这家网站上,而不是学术期刊上。

伴随信息化、网络化、全球化的发展趋势,学术机构不再是独立于社会的象牙塔,学术机构的研究也不再主要以单个学术机构来完成,学术机构之间的合作越来越多,学术机构知识成果的推广和传播速度将对学术机构的竞争力产生重大的影响。对于学术机构的工作人员来讲,其知识成果被更多的人认知和接受:能够为自己带来学术地位的提升和学术影响力的增强;对于研究机构而言,需要建立本机构学术成果与历史传承的完善保存机制并增加本机构知识成果的认知度。

但是传统出版模式已经大大地制约了学术成果的交流范围。一方面,开放获取的理念正被越来越多的工作人员接受,现在工作人员在传统的学术交流方式之外,通过博客、开放获取期刊、网站等多种方式拓展学术交流的范围和对象。另一方面,知识成果具有一定的实效性,如果学术机构不能够充分利用工作人员的知识成果实现其价值,将是学术机构的重大损失。再就是,学术机构工作人员的流动会带来学术机构知识的流失。学术机构应当积极地把本机构工作人员的知识成果组织起来进行知识管理,在版权许可的范围内通过构建开放获取平台——学术机构知识库对本机构的知识进行组织和管理,并协助工作人员的知识成果在全球范围内的推广和传播,这对学术机构、工作人员和获取者来说是三赢。这为学术机构知识管理和研究共享提供了一个新的研究视角。在这种迫切的情况下,越来越多的学术机构开始一些学术机构知识库的研究与构建项目,对本机构的知识成果进行存储,并在一定范围内开放获取。

## 2.2　国外机构知识库的发展情况

2001年,俄亥俄州立大学的高级行政官员和该校图书馆馆长布兰宁(Joseph J. Branin)提出建立俄亥俄州立大学知识库(Ohio State University Knowledge Bank),以保存该校师生员工的数字知识资源,这就是学术机构知识库最初的雏形。2002年麻省理工学院(Massachusetts Institute of Technology, MIT)和惠普公司(Hewlett-Packard Corporation)合作推出DSpace,宣告学术机构知识库的正式诞生。本研究为了大致了解国外学术机构知识库的研究情况选取学术数据库Web of Science、Emerald、OCLC First Search、EBSCO等为检索对象,检索时间为2003年至2013年,选取"Institutional Repository""Institutional Repositories"为检索关键词,检索关系为逻辑或(or)。检索结果如下:Web of Science检索入口为标题,共得文献255篇,检索入口为主题,共得文献806篇;Emerald检索入口为abstract、title、keyword,检出147篇文献;OCLC first search,检索数据库为ArticleFirst、OAIster、WorldCat,检索入口为关键词,检索出文献254篇;EBSCO检索入口为主题词,检索结果为1043篇。通过对检索结果进行分析发现,这些国外学术机构知识库研究的文献类型大致可以分为三类。第一类是概述性的研究,主要是对学术机构知识库的兴起背景、存在问题、实施影响等方面进行论述。第二类属于具体项目介绍,是对一些具有代表性的学术机构知识库的建设项目进行介绍与总结报告。第三类是对学术机构知识库实施中所采用的各种软件进行介绍和比较的。由于本研究主要对学术机构知识库可持续发展前提下成本效益进行研究,因此对国外机构知识库发展现状的了解、对于系统地了解机构知识库的建设具有重要意义。下面对全球机构知识库的建设情况进行分析。

## 2.2.1　国外机构知识库发展数量统计

开放存取知识库名录(The Direct of Open Access Repositories,Open DOAR)是关于开放存取知识库的权威目录[3],在开放社会研究所(Open Society Institute,OSI)、英国联合信息系统委员会(Joint Information Systems Committee,JISC)、英国大学学术图书馆联盟(Consortium of University Research Libraries,CURL)、欧洲学术出版与学术资源联盟(Scholarly Publishing and Academic Resources Coalition Europe,SPARC Europe)的资助下,由英国诺丁汉大学(University of Nottingham,UK)和瑞典兰德大学(University of Lund,Sweden)于2005年共同创办,2006年1月登录互联网提供服务,由英国诺丁汉大学维护。

由于Open DOAR是通过对全球范围内的开放存取知识库资源进行系统的搜集、描述、组织和传递,目的是提高开放存取学术资源获取和使用效益,所以本研究通过对Open DOAR进行统计可以较全面地了解国外研究构建学术机构知识库现状。表2.3为Open DOAR统计的机构知识库的统计数据,图2.1是统计数据的折线图。可以看出,机构知识库的数量从2008年开始平缓上升,2012年增长速度有一定提升,而2013年增长速度稍微放缓,然后继续上升。

表2.3　机构知识库数量增长趋势

| 日　　期 | 机构知识库数量/个 |
| --- | --- |
| 2008年9月 | 1366 |
| 2011年2月 | 1826 |
| 2011年6月 | 1906 |
| 2011年9月 | 2014 |

| 日　期 | 机构知识库数量/个 |
|---|---|
| 2012年2月 | 2120 |
| 2012年12月 | 2212 |
| 2013年7月 | 2308 |
| 2013年9月 | 2406 |
| 2013年12月 | 2511 |
| 2014年5月 | 2608 |
| 2014年7月 | 2701 |
| 2015年7月 | 2931 |
| 2016年1月 | 3033 |

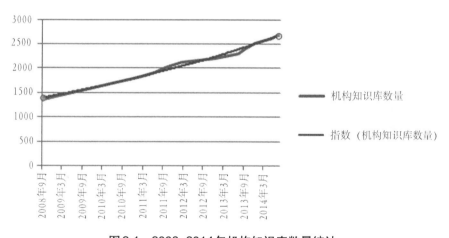

图2.1　2008~2014年机构知识库数量统计

本研究以2008年有学术机构知识库的国家为基准,分别统计了这些国家在2012年、2014年机构知识库数量超过10个的情况。其中2008年为9月份数据,2012年为3月份数据,2014年为7月份数据。统计结果见表2.4。从表2.1中可以看出,2008年共有73个国家有机构知识库,其中24个国家有10个及以上机构知识库,这个数量2012年增加到38个,2015年增加到54个。

表2.4　世界各国构建学术机构知识库数量统计表

| 编号 | 国家 | 数目 2008年 | 数目 2012年 | 数目 2014年 | 编号 | 国家 | 数目 2008年 | 数目 2012年 | 数目 2014年 |
|---|---|---|---|---|---|---|---|---|---|
| 1 | 美国 | 339 | 408 | 450 | 24 | 丹麦 | 10 | 10 | 14 |
| 2 | 英国 | 146 | 208 | 226 | 25 | 匈牙利 | 9 | 12 | 22 |
| 3 | 德国 | 132 | 153 | 169 | 26 | 爱尔兰 | 9 | 14 | 20 |
| 4 | 日本 | 73 | 136 | 145 | 27 | 瑞士 | 9 | 12 | 17 |
| 5 | 澳大利亚 | 63 | 57 | 64 | 28 | 奥地利 | 8 | <10 | 15 |
| 6 | 荷兰 | 49 | 24 | 24 | 29 | 墨西哥 | 7 | 20 | 24 |
| 7 | 加拿大 | 44 | 56 | 64 | 30 | 委内瑞拉 | 6 | 12 | 15 |
| 8 | 意大利 | 44 | 68 | 74 | 31 | 哥伦比亚 | 6 | 18 | 37 |
| 9 | 法国 | 42 | 66 | 90 | 32 | 马来西亚 | 6 | 14 | 21 |
| 10 | 西班牙 | 40 | 87 | 114 | 33 | 智利 | 5 | 10 | 19 |
| 11 | 印度 | 33 | 53 | 68 | 34 | 秘鲁 | 4 | 12 | 23 |
| 12 | 巴西 | 31 | 62 | 84 | 35 | 韩国 | 4 | 12 | 17 |
| 13 | 瑞典 | 30 | 46 | 45 | 36 | 阿根廷 | 4 | 19 | 34 |
| 14 | 比利时 | 23 | 29 | 28 | 37 | 土耳其 | 4 | 38 | 51 |
| 15 | 中国 | 23 | 91 | 97 | 38 | 捷克斯洛伐克 | 3 | <10 | 11 |
| 16 | 芬兰 | 15 | 15 | 13 | 39 | 俄罗斯 | 3 | 15 | 22 |
| 17 | 新西兰 | 15 | 14 | 12 | 40 | 厄瓜多尔 | 2 | 16 | 25 |
| 18 | 南非 | 15 | 23 | 29 | 41 | 印度尼西亚 | 2 | 22 | 37 |
| 19 | 波兰 | 13 | 75 | 85 | 42 | 肯尼亚 | 1 | <10 | 12 |
| 20 | 葡萄牙 | 12 | 41 | 45 | 43 | 加勒比 | 1 | <10 | 15 |
| 21 | 希腊 | 12 | 14 | 28 | 44 | 立陶宛 | 2 | <10 | 10 |
| 22 | 挪威 | 11 | 46 | 50 | 45 | 肯尼亚 | 0 | <10 | 12 |
| 23 | 乌克兰 | 11 | 31 | 56 | 46 | 尼日利亚 | 0 | <10 | 11 |

注：2008年为1~2个，2014年小于10个的国家包括爱沙尼亚、冰岛、以色列、哥斯达黎加、新加坡、巴基斯坦、保加利亚、纳米比亚、斯洛文尼亚、牙买加、埃及、阿塞拜疆、哈萨克斯坦、泰国、埃塞俄比亚、阿富汗、孟加拉国、吉尔吉斯斯坦、佛得角、玻利维亚、菲律宾、津巴布韦、乌干达、埃尔维亚和黑山、摩尔多瓦、格鲁吉亚、乌干达；2008年克罗地亚为4个，沙特阿拉伯为3个，2014年均小于10个。

资料来源：http://www.opendoar.org.

图 2.2 是 2008 年机构知识库数量排名前 23 的国家在 2012 年和 2014 年机构知识库数量的分布,可以看出,中国、西班牙和波兰机构知识库数量增加较明显。

从图 2.3 中可以看出,美国、英国、西班牙增长数量位于前三强,中国增长数量排名第四,说明中国机构知识库建设取得了一定的进展。芬兰、新西兰和荷兰数量有所减少。总体来讲,发达国家的机构知识库的发展从数量上均呈现出上升态势。

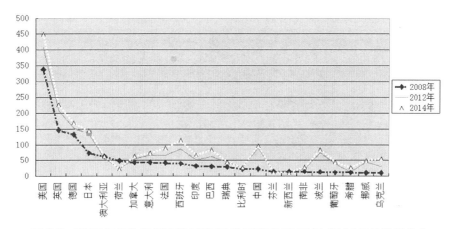

图 2.2　2008 年机构知识库数量前 20 的国家在 2012 年、2014 年的数量分布

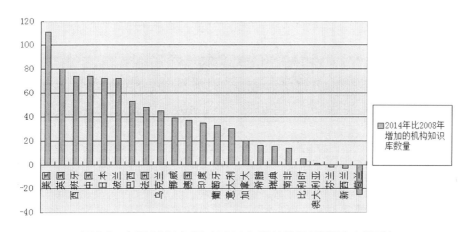

图 2.3　各国 2014 年相对 2008 年增长数量(按照降序排列)

第二章　学术机构知识库发展的现状

### 2.2.2 国外机构知识库各大洲分布情况

通过对比分析发现,国外学术机构知识库在各大洲的分布具有较大的差异性,(见图2.4)。欧洲国家的构建数量占比超过了全球学术机构知识库数量的45.7%,相对2012年的50%下降了4.3%。北美占19.9%,亚洲占18.2%,分别位于第二和第三位。中国占比3.5%,比2012年的4%降低了0.5个百分点,从总量和增长速度来看,学术机构知识库在我国的发展还有很长的路要走。

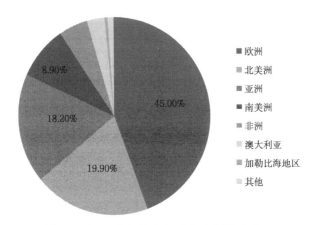

图2.4　2014年机构知识库各大洲分布情况

### 2.2.3 学术机构知识库运行组织统计

学术机构知识库与学术机构之间的关系有"一对一""一对多"和"多对一"三种情况。其中,"一对一"即一个学术机构建设并运行一个机构知识库;"一对多"即一个学术机构建设并运行两个或以上机构知识库的情况;"多对一"指多个学术机构形成学术机构联盟,建设并运行一个联盟机构知识库的情况。

在对机构知识库组织者进行统计时,如果每个机构知识库对应一个学术机构知识库组织者,一个学术机构运维2个机构知识库时,学术机构知识库的组织者计数为2,按照这种方式对机构知识库的运行状态统计、分析发现,共有2699个机构知识库,其中美国的比例最高,占16.7%,英国占8.5%,德国占6.3%。美国、英国、日本、西班牙、波兰、法国、巴西、意大利和印度的机构知识库组织者共占55.8%,其他国家的机构知识库的组织者占44.2%,见图2.5。各国学术机构知识库组织者具体统计数据见表2.5。

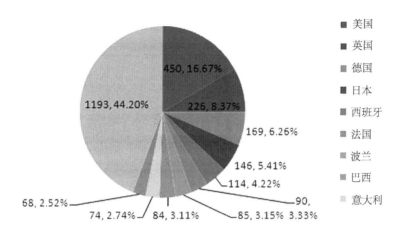

图2.5　机构知识库组织者占比(运营多个机构知识库,不剔重)

表2.5　各国机构知识库组织者统计(运营多个机构知识库,不剔重)

| 国家名称 | 机构知识库组织数量/个 | 占百分比/% |
|---|---|---|
| 美国 | 450 | 16.7 |
| 英国 | 226 | 8.5 |
| 德国 | 169 | 6.3 |
| 日本 | 146 | 5.4 |
| 西班牙 | 114 | 4.2 |
| 法国 | 90 | 3.3 |
| 波兰 | 85 | 3.1 |
| 巴西 | 84 | 3.1 |
| 意大利 | 74 | 3.7 |
| 印度 | 68 | 2.5 |
| 其他国家 | 1193 | 44.2 |

为了进一步精确地统计,我们在一个学术机构有2个及以上学术机构知识库的情况下,只对学术机构知识库组织者计数,统计结果见图2.6。从图2.6可以看

出,学术机构知识库组织者从图2.5的2699个减少到2263个。其中美国的占14.9%,英国站7.9%,日本占6.1%,德国占5.7%,美国、英国、日本、西班牙、波兰、法国、巴西、意大利和印度共占53.7%,其他国家占46.3%。各国学术机构知识库组织者具体统计数据见具体统计见表2.6。

图2.6　各国机构知识库组织者占总数比例(运营多个机构知识库,剔重)

通过表2.6和表2.5的对比发现,在对学术机构知识库组织者去重之后组织者的数量减少了436个,美国减少了113个,英国减少了48个,德国减少了39个,西班牙、法国、巴西各减少了18个,说明这些国家一个学术机构运行2个及以上机构知识库的情况相对其他国家较多。

表2.6　各国机构知识库组织者统计(运营多个机构知识库,剔重)

| 国家名称 | 机构知识库组织数量/个 | 占百分比/% | 相对表2.5减少的数量/个 |
|---|---|---|---|
| 美国 | 337 | 14.9 | 113 |
| 英国 | 178 | 7.9 | 48 |
| 德国 | 130 | 5.7 | 39 |
| 日本 | 139 | 6.1 | 7 |
| 西班牙 | 96 | 4.2 | 18 |
| 法国 | 72 | 3.2 | 18 |

| 国家名称 | 机构知识库组织数量/个 | 占百分比/% | 相对表2.5减少的数量/个 |
|---|---|---|---|
| 波兰 | 73 | 3.2 | 12 |
| 巴西 | 66 | 2.9 | 18 |
| 意大利 | 63 | 2.8 | 11 |
| 印度 | 61 | 2.7 | 7 |
| 其他国家 | 1084 | 46.3 | 109 |

## 2.2.4　机构知识库运行状态统计

　　学术机构知识库建设完成后可能存在四种状态,分别是正在运行状态(operational)、试验运行状态(trial)、故障状态(broken)和关闭状态(closed)。正在运行状态指所有的功能都正常运行,能够对外提供系统设置的服务;试验运行状态指目前机构知识库正处于测试阶段,还没有正式对外服务;故障状态指目前正存在技术故障,部分或者全部服务功能无法提供服务;关闭状态指机构知识库不再接收数字对象的提交,不再对外服务。2699个机构知识库的运行状态及数量统计分别见图2.7和表2.7。从图2.7中可以看出,93.48%的机构知识库处于正在运行状态;处于关闭状态的机构知识库只有23个,仅占0.85%;试验运行状态的机构知识库有94个,仅占3.48%;故障状态的占2.19%。这说明大部分机构知识库运行良好。

表2.7　2699个机构知识库运行统计表

| 运行状态 | 机构知识库数量/个 | 占百分比/% |
|---|---|---|
| 正在运行状态 | 2523 | 93.48 |
| 试验运行状态 | 94 | 3.48 |
| 故障状态 | 59 | 2.19 |
| 关闭状态 | 23 | 0.85 |

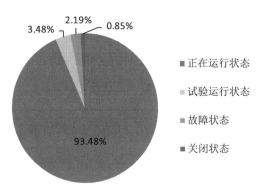

图2.7　2699个机构知识库运行状态

## 2.2.5　机构知识库运行软件统计

机构知识库所应用的开发软件主要可分为开放源代码软件、自行研发的软件和现有商业软件三种。以开源软件为主,开放源代码软件是机构知识库建设最常应用的软件。其免费的特性、齐备的功能一直都是机构知识库建设者的首选。像应用最多的DSpace、EPrints等都是开放源代码软件。自行研发的应用于本机构的机构知识库软件的版权,根据著作权法的规定,遵从"谁开发谁享有版权"的原则,即软件著作权属于软件开发者;如遇到合作开发、受托开发、指令开发和职务开发四种特殊情况,则按照开发前双方签订的版权协议确定版权归属。此类软件的代表为德国斯图加特大学开发的OPUS以及荷兰NIWI-KNAW和Tilburg大学开发的i-Tor。就目前来讲,自行研发软件的版权归属问题还是比较清晰的。现有商业软件的版权一般归属于软件的发行者。在机构知识库建设者购买该商业软件之后,即具有使用该商业软件的权利,可以自由地将该软件应用于机构知识库建设中。

通过对2699个机构知识库的运行软件进行统计发现,共有140种软件用于建设机构知识库,绝大部分机构知识库采用开源免费软件,其中采用DSpace、EPrints开放源代码软件的占50%以上,采用DSpace软件的有1145个机构知识库,采用EPrints的有379个机构知识库,分别占机构知识库总量的42.42%和14.04%;采用自行开发软件OPUS的仅有71个机构知识库(见表2.8)。开放获取机构知识库采用开源软件有利于降低机构知识库的成本,同时有利于机构知识库的建设与推广服务。

表2.8　2699个机构知识库运行软件类型统计

| 使用软件名称 | 机构知识库数量/个 | 占百分比/% |
| --- | --- | --- |
| DSpace | 1145 | 42.42 |
| Eprints | 379 | 14.04 |
| Digital Commons | 125 | 4.63 |
| OPUS | 71 | 2.63 |
| 未知 | 282 | 10.45 |
| dLibra | 60 | 2.22 |
| Greenstone | 53 | 1.96 |
| CONTENTdm | 50 | 1.85 |
| HTML | 39 | 1.44 |
| Fedora | 33 | 1.22 |
| Diva-Portal | 32 | 1.19 |
| HAL | 28 | 1.04 |
| Open Repository | 24 | 0.89 |
| Digibib | 21 | 0.78 |
| DigiTool | 20 | 0.74 |
| SciELO | 18 | 0.67 |
| ETD-db | 15 | 0.56 |
| Invenio | 15 | 0.56 |
| Drupal | 14 | 0.52 |
| VITAL | 14 | 0.52 |
| XooNIps | 14 | 0.52 |
| XooNIps | 14 | 0.52 |
| PURE | 12 | 0.44 |
| 其他130个软件 | 221 | 8.19 |

## 2.2.6　开放存取机构知识库类型统计

学术机构知识库开放存取范围存储的知识对象的组织有三种方式。①以联盟的形式进行组织和管理。如DSpace联盟是由众多不同的社区和馆藏组织而成的，而Caltech的CODA也是基于各个院系为基础的知识库建立而成。国内也有部分学术机构知识库采用联盟式组织方式。比如中国科学院与多个学术机构合作构建的学术机构知识库,分别应用到中国科学院不同的研究所、浙江大学、上海图书馆等多个学术单位。我国台湾数字典藏"国家型"科技计划建设的学术机构知识库被应用到台湾省的多个高校。②学术机构知识库的建设和运行除了通过学术联盟的形式进行组织之外,还可以由学术机构的主管部门或者学术机构图书馆的主管部门来组织建设。比如可以由中国图书馆工作委员会统一牵头,以各地图书工作委员会根据本地学术机构和学术成果的特点以及不同学术机构的技术、人力、资金、资源为前提来组织学术机构知识库的建设和运行,也可以由图书馆工作委员会和相关学科的科学研究委员会合作来牵头。③单个学术机构组织和管理。学术机构也可以单个学术机构独立完成学术机构知识库的创建与运行。这种情况一般适用于机构实力比较强、学术资源比较特殊、技术支持有所保障的学术机构。机构知识库无论采用哪种组织方式,学术机构知识库开放存取的类型可以分为四种类型,分别是学术机构知识库、学科型机构知识库、集成型学术机构知识库和管理型机构知识库。学术机构知识库主要存储学术机构或部门的知识对象;学科机构知识库以学科为存储对象,收录的内容可能是跨机构的主题机构知识库;集成型学术机构知识库主要从下属单位或部门的机构知识库收集知识对象;管理型机构知识库主要用于存储管理型的知识对象和数据。对2699家机构知识库的开放获取机构知识库类型统计结果见图2.8和表2.9。

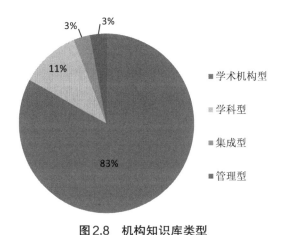

图2.8　机构知识库类型

从图2.8和表2.9可以看出,以学术机构为开放获取存取范围的机构知识库有

2235家,占总量的82.8%;学科型机构知识库有2925个,占总量的10.8%;集成型和管理型机构知识库合计占总量的6.4%。这说明学术机构知识库以学术性为主。

表2.9  机构知识库类型统计表

| 机构知识库类型 | 机构知识库数量/个 | 占百分比/% |
|---|---|---|
| 学术机构型 | 2235 | 82.8 |
| 学科型 | 292 | 10.8 |
| 集成型 | 97 | 3.6 |
| 管理型 | 75 | 2.8 |

## 2.2.7  机构知识库常用语言统计

由于建设机构知识库的国家官方语言可能有一种以上,因此机构知识库采用的语言也各不相同。机构知识库建设数量最多的两个国家美国和英国,均为英语语系国家。英语在世界各个国家应用程度最高。机构知识库大多采用两种或以上的语言,非英语国家在构建机构知识库时,除使用本国语言外,第二种语言基本上选择英语。因此,英语版本的机构知识库数量最多,远远超过其他语种的。机构知识库建设数量超过100个以上的语种包括英语、西班牙语、德语、法语、日语、葡萄牙语与和中文。这基本与各国机构知识库建设数量一致。当一个机构知识库提供2个或以上语言版本时,我们给这两个语种分别计数为1,统计结果见表2.10。

表2.10  机构知识库使用语言统计

| 语种类型 | 机构知识库数量/个 | 语种类型 | 机构知识库数量/个 | 语种类型 | 机构知识库数量/个 |
|---|---|---|---|---|---|
| English | 1912 | Croatian | 11 | Romanian | 2 |
| Spanish | 341 | Hindi | 10 | Pashto, Pushto | 2 |
| German | 212 | Czech | 10 | Malayalam | 2 |
| French | 178 | Lithuanian | 9 | Latvian, Lettish | 2 |
| Japanese | 146 | Latin | 9 | Kazakh | 2 |

| 语种类型 | 机构知识库数量/个 | 语种类型 | 机构知识库数量/个 | 语种类型 | 机构知识库数量/个 |
|---|---|---|---|---|---|
| Portuguese | 141 | Danish | 9 | Kannada | 2 |
| Chinese | 110 | Thai | 8 | Bengali | 2 |
| Polish | 84 | Persian | 7 | Yiddish | 1 |
| Italian | 77 | Slovenian | 6 | Vietnamese | 1 |
| Russian | 63 | Serbian | 6 | Tamil | 1 |
| Ukrainian | 55 | Estonian | 5 | Sinhalese | 1 |
| Norwegian | 49 | Basque | 5 | Sanskrit | 1 |
| Swedish | 46 | Welsh | 4 | Nepali | 1 |
| Turkish | 38 | Afrikaans | 4 | Marathi | 1 |
| Arabic | 33 | Slovak | 3 | Maori | 1 |
| Greek | 30 | Icelandic | 3 | Macedonian | 1 |
| Dutch | 30 | Hebrew | 3 | Irish | 1 |
| Indonesian | 23 | Gujarati | 3 | Galician | 1 |
| Korean | 21 | Georgian | 3 | Corsican | 1 |
| Hungarian | 19 | Bulgarian | 3 | Breton | 1 |
| Catalan | 14 | Armenian | 3 | Azerbaijani | 1 |
| Finnish | 13 | Urdu | 2 | Amharic | 1 |
| Malay | 12 | Sesotho | 2 | | |

## 2.2.8　机构知识库元数据重用规则统计

　　机构知识库通过元数据仓储实现对提交和采集进来的数字对象的内容、结构以及保藏等方面的元数据描述信息的集中存储和管理功能,知识库提供对数字对象的统一存储和管理,并与元数据仓储共同构成支持数字对象的保藏、组织和利用等功能实现的基础。机构知识库元数据重用对于节约知识对象加工成本具有重要意义,由于大部分机构知识库遵循OAI-PMH协议,使得各机构知识库资源能被通用搜索引擎和专业搜索引擎所收录。❶所以一般从机构知识库的OAI-PMH识别相应政策中寻找元数据重用的规则要求,或者从机构知识库具体的"关于(About)"页面或者"政策(policies)"页面寻找元数据重用的规则要求。❷学术机构知识库的元数据重用规则共有7种,分别是未知、未提及、未定义、没有权利、不清楚、非商业性用途、商业性用途。在对机构知识库元数据重用规则进行统计时,如果找不到关于重用规则的任何信息,我们就把元数据重用状态设置成"未知";如果机构知识库有规则信息,但是没有具体提及元数据重用的规则,则元数据重用规则设置为"未提及";当在机构知识库政策页面为元数据重用政策留有位置,但是显示还没有定义,则我们把元数据重用状态设置为"未定义";"没有权利"指禁止本机构知识库元数据的任何重用;"不清楚"指元数据重用规则没有明确声明;"非商业"指元数据可以用于非商业用途,商业用途被禁止;"商业性用途"指元数据可以应用于商业用途的重用。对学术机构知识库的元数据重用规则统计结果见图2.9和表2.11。

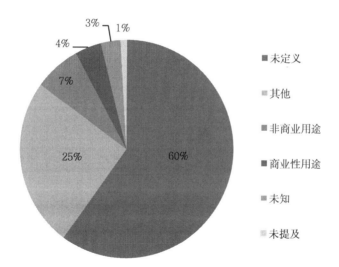

图2.9 机构知识库元数据重用规则统计

❶ OAI-PMH 是一种独立于应用的、能够提高 Web 上资源共享范围和能力的互操作协议标准,该协议可以解决不同系统和机构间信息资源共享和互操作问题,实现不同机构仓储的统一检索,因此成为广泛应用于机构知识库的一种标准化协调。
❷ 如 Nottingham EPrints 机构知识库的识别响应链接是 http://eprints.nottingham.ac.uk/perl/oai2?verb=Identify。

表2.11　机构知识库元数据重用规则统计表

| 元数据重用规则类型 | 机构知识库数量/个 | 占百分比/% |
|---|---|---|
| 未定义 | 1903 | 70.51 |
| 其他 | 796 | 29.49 |
| 非商业用途 | 207 | 7.67 |
| 商业性用途 | 120 | 4.45 |
| 未知 | 111 | 4.11 |
| 未提及 | 45 | 1.67 |

从表2.11和图2.9中可以看出。70.51%的机构知识库没有定义元数据重用规则，只有7.67%的机构知识库明确指出其元数据可以用于非商业用途，4.45%的机构知识库明确提出其元数据可以用于商业用途。这说明大部分机构知识库建设与运行者还没有对其元数据的重要性引起足够的重视。没有定义、未知和未提及的机构知识库总量达到2059个，这样学术机构知识库的元数据就得不到应有的保护，在被搜索引擎和商业性数据库商采集加工后用于商业目的，会继续加大学术交流的成本。

## 2.2.9　机构知识库数据重用政策规则统计

机构知识库存储的内容包括期刊论文、图书、会议论文、数据集、学习对象（learning objects）、多媒体文件、专利文献、参考文献、软件、学位论文及未发表的数字对象等。这些机构知识库的对象称为数据。这些数据的重用受到机构知识库数据重用政策及规则的制约。比如中科院机构知识库的数据重用规则由内容提交者规定。具体来讲，对于规定要公开发布的作品，中国科学院机构知识库网格（CASIR GRID）要求提交者按创作共用协议（creative commons license,CC）的"署名-非商业性使用-禁止演绎"进行传播授权，鼓励提交者按CC协议的"署名-非商业性使用-相同方式共享"进行传播授权。

2699个机构知识库的数据重用规则设定主要存在以下9种情况，分别是未定义、非商业性用途、未知、禁止机器收割、可变规则、未提及、商业性用途、没有权利、不清楚。其中，"未定义"指在政策规则设定位置为数据重用留了位置，但是显示

"还没有进行定义";"非商业性用途"指机构知识库的数据对象可以用于学习和科研用途,不能用于商业用途;"未知"指机构知识库的数据对象重用政策没有提及,同时也没有预留相应的位置;"禁止机器收割"指学术机构知识的数据对象重用时禁止使用程序和机器人进行数据的收割和采集;"可变规则"指机构知识库的各个数据对象的数据重用规则是不同的,根据提交者自己的设定来进行个性化设置;"未提及"指机构知识库网站有规则信息,但是没有提及数据重用规则;"商业性用途"指允许把机构知识库数据对象用于商业用途;"没有权利"指所有机构知识库的数据对象都不能重用,无论是否用于商业目的。

2699 个机构知识库的数据重用规则设定统计如图 2.10 和表 2.12 所示。67.73%的学术机构知识库没有对数据对象的重用进行定义,比未对元数据重用的比例越低,说明学术机构知识库组织者对知识内容的保护相对重视度要高一些。6.89%的机构明确指出数据对象不能用于商业用途。允许商业用途的机构知识库仅占0.48%,这远远低于元数据商业用途允许率,说明学术机构保护知识库收录全文版权的意识相对较强。

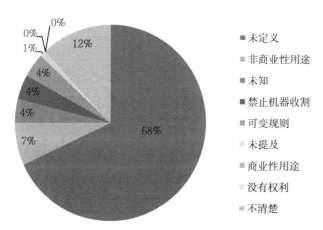

图2.10 机构知识库数据重用规则统计

表2.12 机构知识库数据重用规则统计

| 数据重用规则情况 | 机构知识库数量/个 | 占百分比/% |
|---|---|---|
| 未定义 | 1828 | 67.73 |

| 数据重用规则情况 | 机构知识库数量/个 | 占百分比/% |
|---|---|---|
| 非商业性用途 | 186 | 6.89 |
| 未知 | 104 | 3.85 |
| 禁止机器收割 | 104 | 3.85 |
| 可变规则 | 101 | 3.75 |
| 未提及 | 44 | 1.63 |
| 商业性用途 | 13 | 0.48 |
| 没有权利 | 0 | 0.00 |
| 不清楚 | 319 | 11.82 |

## 2.2.10　机构知识库内容政策规则等级统计

机构知识库的政策不仅包括元数据重用规则要求,还包括对内容的提交政策及提交许可协议。目前主流的政策及提交许可协议主要遵循Creative Commons(知识共享)框架。它只保留了几种权利,除此以外的权利全部放弃。使用者可以明确知道所有者的权利,不容易侵犯对方的版权,作品可以得到有效传播。作为作者,可以选择以下1~4种权利组合:①署名(attribution,BY)即引用时必须提到原作者。其常用标识为"①"。②非商业用途(noncommercial,NC)指不得用于营利性目的。其常用标识为"⑤"。③禁止演绎(no derivative works,ND),不得修改原作品,不得再创作。其常用标识为"⊜"。④相同方式共享(share alike,SA),允许修改原作品,但必须使用相同的许可证发布。其常用标识为"◎"。

知识共享协议允许作者选择不同的授权条款和根据不同国家的著作权法制定的版权协议,在没有指定"NC"的情况下,将授权对本作品进行商业利用;在没有指定"ND"的情况下,将授权创作衍生作品。这些不同条件共有16种组合模式,参见表2.13,其中4种组合由于同时包括互相排斥的"ND"和"SA"而无效;1种没有以上任何条件的协议,相当于公有领域。在CC 2.0以上的版本,又有5种没有署名条款的协议列为淘汰,因为98%的授权者都要求署名。版权持有人可以指定条件。6种组合分别是:①署名(BY);②署名(BY)-相同方式共享(SA);③署名(BY)-禁止演绎(ND);④署名(BY)-非商业性使用(NC);⑤署名(BY)-非商业性使用(NC)-相同方式共享(SA);⑥署名(BY)-非商业性使用(NC)-禁止演绎(ND)。比如清华大学机构知识库为作者提供两种版本的选择,"署名–非商业性使用–禁止演绎",即作品作者依法拥有该作品的著作权,允许任何人可以复制、发行、展览、表演、放映、广播或通过信息网络传播本作品。但署名必须按照本作品固有的署名方式对作品署名。非商业性使用指不得将本作品用于商业目的。禁止演绎,不得修改、转换或者以本作品为基础制作衍生作品。"署名–非商业性使用–相同方式共享",即作品作者依法拥有该作品的著作权,允许任何人复制、发行、展览、表演、放映、广播或通过信息网络传播提交作品。创作演绎作品,署名必须按照作品固有的署名方式进行;非商业性使用,不得将作品用于商业目的。相同方式共享:如果改变、转换作品或者以作品为基础进行创作,只能采用与本协议相同的许可协议发布基于作品的演绎作品。用户使用清华大学机构知识库时,在遵循相关知识产权的情况下,只能用于个人学习、教育和研究目的。不可用于商业用途。任何其他个人或组织若需引用、转载网站中的论文内容,须注明出处。

表2.13 creative commons 6种协议组合

| 协议 | BY | NC | ND | SA |
|---|---|---|---|---|
| 署名 | ⓘ | | | |
| 署名-禁止演绎 | ⓘ | | ⊜ | |
| 署名-非商业性 | ⓘ | Ⓢ | | |
| 署名-非商业性-禁止改作 | ⓘ | Ⓢ | ⊜ | |
| 署名-非商业性-共同方式共享 | ⓘ | Ⓢ | | ⓒ |
| 署名-相同方式共享 | ⓘ | | | ⓒ |

资料来源:http://creativecommons.net.cn/licenses/meet-the-licenses/.

通过对2699家机构知识库的内容规则的统计发现,75.9%的机构知识库没有定义,有定义的机构知识库仅有17.9%。未定义和未提及的占总量的77.7%,说明大部分学术机构知识库建设与运行者没有对知识对象使用的规则做出具体的要求。这样就为资源商对机构知识库的内容进行收割,然后进行商业化运营提供了机会。由于机构知识库的检索系统没有资源商的数据库系统应用广泛,因此,科研人员可能无法获取机构知识库资源的信息,而是通过资源商的数据库获取相应的信息,这增加了对资源商资源库的依赖性,从而增加了知识获取的成本。

学术机构知识库的元数据重用规则共有5种,分别是未知、未提及、未定义、不清楚、定义。"未知"指找不到关于内容政策规则的任何信息;"未提及"指机构知识库有规则信息,但没有具体提及内容政策规则的任何信息;"未定义"指在机构知识库政策页面为内容政策规则留有位置,但没有具体的定义;"不清楚"指未清楚的声明内容政策规则;"定义"指明确定义了内容政策规则。"不清楚"指元数据重用规则没有明确声明;"非商业"指元数据可以用于非商业用途,商业用途被禁止;"商业性用途"指元数据可以应用于商业用途的重用。对学术机构知识库的内容政策规则统计结果见表2.14。

表2.14 机构知识库内容政策规则登记统计

| 内容规则类型 | 机构知识库数量/个 | 占百分比/% |
|---|---|---|
| 未知 | 105 | 3.9 |
| 未提及 | 42 | 1.6 |
| 未定义 | 1815 | 67.2 |
| 定义 | 430 | 15.9 |
| 不清楚 | 307 | 11.4 |

## 2.2.11 学术机构知识库数据提交政策规则统计

各个机构知识库对数据提交需要设定相应的规则,从而实现对数据对象的可控性,便于机构知识库数据对象的组织。比如,英国Nottingham ePrints机构知识库对数据提交政策的规定是:只有组织认定的人员或者代理才能够向机构知识库提交数据对象;作者只能提交自己的作品;管理人员仅对作者或内容提交者的数据对象的合格性进行审核,主要包括是否符合 Nottingham ePrints 的收录范围,布局和格式是否合理,垃圾数据排除等;内容的真实性和有效性由提交者负责;数据对象能够随时提交,但是只有过了发布者或者自助者定义的保护期才能公开;违反版权的责任由提交者或者作者负责;如果有发现侵权的数字内容的证据则,会即刻从机构知识库中删除。机构知识库的数据提交政策情况调研发现,主要包括5种情况,分别是未知、未提及、未定义、定义、不清楚。"未知"指提交政策未知;"未定义"指提交政策没有具体定义;"未提及"指在政策规则规定中没有提及提交政策;"定义"指明确定义了机构知识库数据对象提交政策和规则;"不清楚"指提交政策和规则没有明确的表述。2699个学术机构知识库的数据提交政策与规则的情况统计结果见表2.15。66%的机构知识库没有定义数据提交政策和规则,仅有17%的机构知识库定了提交规则,这样会给机构知识库的质量控制带来一定的困难。未提及机构知识库提交规则的和未知的共计5.89%。

表2.15　学术机构知识库数据对象提交规则情况统计

| 数据对象提交规则情况 | 机构知识库数量/个 | 占百分比/% |
| --- | --- | --- |
| 未定义 | 1781 | 65.99 |
| 定义 | 449 | 16.64 |
| 不清楚 | 310 | 11.49 |
| 未知 | 117 | 4.33 |
| 未提及 | 42 | 1.55 |

## 2.3　国内研究发展现状

### 2.3.1　发表论文数量统计

为了解国内学术机构知识库的研究现状,通过万方学术(http://www.sciinfo.cn)搜索,本研究对学术机构知识库有关的"中文学术论文""会议论文""学位论文""博士学位论文""硕士学位论文",以高级检索方式,分别以"机构知识库""机构库""学术机构知识库""机构仓储""开放获取"为关键词的表达式,选择精确匹配方式,检索时间为2004年至2015年(因本研究主体是学术机构,而2004年以前的与机构知识库关键词相匹配的论文是机械制造方面的故排除),跨库检索结果为3130篇。其中,中文期刊论文合计2760篇,学位论文合计208篇,会议论文合计162篇。同时,对2004~2015年以年度为单位进行分别检索,可以得出每年期刊论文、会议和学术论文的增长量,见表2.16。从表2.16中可以看出,2004~2014年各年机构知识库的期刊论文发表数量呈现快速上升趋势,仅有2011~2012年发表数量平稳,2007年、2010年、2014年均有大幅增加。

表2.16  2004~2014年发表机构知识库论文情况

| 年份 | 各年期刊论文数量/篇 | 各年学位论文数量/篇 | 各年会议论文数量/篇 | 各类文献数量合计/篇 |
|------|------|------|------|------|
| 2004 | 3 | 0 | 1 | 4 |
| 2005 | 26 | 0 | 0 | 26 |
| 2006 | 97 | 21 | 11 | 129 |
| 2007 | 156 | 15 | 7 | 178 |
| 2008 | 165 | 26 | 11 | 202 |
| 2009 | 241 | 23 | 20 | 284 |
| 2010 | 305 | 38 | 13 | 356 |
| 2011 | 299 | 29 | 20 | 348 |
| 2012 | 304 | 21 | 14 | 339 |
| 2013 | 370 | 16 | 61 | 447 |
| 2014 | 410 | 13 | 4 | 427 |
| 2015 | 384 | 6 |  | 390 |

关于研究学术机构知识库方面的期刊论文增长共分为三个阶段。

第一阶段是2004~2008年。在这一阶段学术机构知识库从2004年相关期刊论文只有吴建中(上海图书馆馆长)发表《图书馆 vs 机构知识库——图书馆战略发展的再思考》。到2008年,越来越多的学者关注并研究学术机构知识库。同时,在这一阶段也有相关的硕博学位论文和会议论文出现。在这一阶段学术机构知识库逐渐被学术界所熟知,更多的学者开始更全面地论述学术机构知识库,主要从学术机构知识库的概念、功能、作用和意义、软件、内容收集策略、知识组织、知识产权政策、运行管理与维护以及国外机构知识库介绍等方面开展研究。

第二阶段是2009~2012年。这个阶段,机构知识库稳步发展。根据中国知网对论文基金项目支持的论文的不完全统计,这个阶段获得各类项目资助的论文不少于95篇,其中31篇论文获得国家社会科学基金资助,9篇获得国家自然科学基金资助,7项获得中国科学院知识创新工程基金资助,还有46篇受到各类其他国家和省部级项目资助。研究学科也从图书馆情报与数字图书馆向计算机、出版、法律等学科延伸;研究主题包括高校图书馆机构知识库建设、学术资源,和机构知识库版权、知识管理、资源建设、知识服务、元数据、质量控制、知识产权等方面。这一阶段发表含有"中国科学院"这一关键词的论文有21篇。

第三阶段是2013年至今。根据中国知网对论文基金项目支持的论文的不完全统计,该阶段获得基金资助论文不少于110篇,国家社科基金资助论文52篇,国家自然科学基金资助论文11篇,中国科学院知识创新工程基金资助论文3篇,获得其他省部级项目资助论文33篇。这一阶段的机构知识库研究主要集中在高校图书馆机构知识库资源建设、评价指标、网络影响力、资源共享、策略、版权等方面。本阶段的研究在之前研究基础上增加了发展趋势、开源软件、开放创新、数据同步等方面的研究。

### 2.3.2　机构知识库建设与发展统计

经过对国内现状统计得知,我国构建学术机构知识库只占世界的3.59%,构建主体都是大学和科研机构,构建时大多使用DSpace开源软件,比较单一,尽管DSpace有诸多优势,但是其他软件也有各自的特点和优势;并且只收藏本机构成员产生的智力成果,收录的资源数量很少,甚至有的学术机构知识库收录不到50条;采取独立的建设模式,这样就导致人力、物力和财力的重复浪费,从而达不到规模经济效益;学术机构知识库提供的服务过于单一,主要内容较单调粗糙。大陆和香港地区共建设机构知识库39个,我国台湾地区建设机构知识库58个,具体名单见表2.17。

表2.17　中国机构知识库列表

| 序号 | 名　称 | 机构名 | 网　址 |
|---|---|---|---|
| 1 | 中国科学院文献情报中心机构知识库 | 国家科学图书馆 | http://ir.las.ac.cn/ |

| 序号 | 名　称 | 机构名 | 网　址 |
|---|---|---|---|
| 2 | 中国科学院半导体研究所机构知识库 | 中国科学院半导体研究所 | http://ir.semi.ac.cn/ |
| 3 | 中国科学院成都生物研究所机构知识仓储系统 | 中国科学院成都生物研究所 | http://210.75.237.14/ |
| 4 | 中国科学院大连化学物理研究所机构知识库 | 中国科学院大连化学物理研究所 | http://159.226.238.44/ |
| 5 | 中国科学院地理科学与资源研究所机构知识库 | 中国科学院地理科学与资源研究所 | http://159.226.115.200/ |
| 6 | 中国科学院地球环境研究所机构知识库 | 中国科学院地球环境研究所 | http://ir.ieecas.cn |
| 7 | 中国科学院高能物理研究所知识存储库 | 中国科学院高能物理研究所 | http://dr.ihep.ac.cn/ |
| 8 | 天津工业生物技术研究所典藏 | 中国科学院工业生物技术研究所 | http://124.16.173.210/ |
| 9 | 中国科学院广州地球化学研究所机构知识库 | 中国科学院广州地球化学研究所 | http://ir.gig.ac.cn:8080/ |
| 10 | 中国科学院广州能源研究所机构知识库 | 中国科学院广州能源研究所 | http://ir.giec.ac.cn/ |
| 11 | 中国科学院过程工程研究所的机构知识库 | 中国科学院过程工程研究所 | http://ir.ipe.ac.cn |
| 12 | 中国科学院化学研究所机构知识库服务网格 | 中国科学院化学研究所 | http://www.irgrid.ac.cn/handle/1471x/45881 |
| 13 | 中国科学院计算技术研究所机构知识库 | 中国科学院计算技术研究所 | http://159.226.40.250/ |
| 14 | 中国科学院近代物理研究所知识仓储系统 | 中国科学院近代物理研究所 | http://210.77.73.110/ |
| 15 | 中国科学院南海海洋研究所机构知识库 | 中国科学院南海海洋研究所 | http://210.77.90.120/ |
| 16 | 中国科学院宁波材料技术与工程研究所知识仓储系统 | 中国科学院宁波材料技术与工程研究所 | http://ir.nimte.ac.cn/ |

| 序号 | 名　称 | 机构名 | 网　址 |
|---|---|---|---|
| 17 | 中国科学院山西煤炭化学研究所机构知识库 | 中国科学院山西煤炭化学研究所 | http://ir.sxicc.ac.cn/ |
| 18 | 中国科学院沈阳自动化研究所机构知识库 | 中国科学院沈阳自动化研究所 | http://210.72.131.170/ |
| 19 | 中国科学院生态环境研究中心的机构知识库 | 中国科学院生态环境研究中心 | http://159.226.240.226/ |
| 20 | 中国科学院土壤科学研究所知识仓储系统 | 中国科学院土壤科学研究所 | http://159.226.121.23 |
| 21 | 中国科学院西北高原生物研究所机构知识库 | 中国科学院西北高原生物研究所 | http://ir.nwipb.ac.cn/ |
| 22 | 中国科学院心理研究所机构知识仓储系统 | 中国科学院心理研究所 | http://159.226.113.160:8080/ |
| 23 | 中国科学院新疆生态与地理研究所知识仓储系统 | 中国科学院新疆生态与地理研究所 | http://ir.xjlas.org/ |
| 24 | 中国科学院烟台海岸带研究所机构知识库 | 中国科学院烟台海岸带研究所 | http://ir.yic.ac.cn/ |
| 25 | 中国科学院自然科学史研究所机构典藏 | 中国科学院自然科学史研究所 | http://ir.ihns.ac.cn/ |
| 26 | 共享环境与生态知识空间 | 中国西部环境与生态科学数据中心 | http://seekspace.resip.ac.cn/ |
| 27 | 西安光学精密机械研究所机构知识库 | 西安光学精密机械研究所 | http://ir.opt.ac.cn/ |
| 28 | HFCAS的知识仓库 | 合肥物质科学研究院 | http://ir.hfcas.ac.cn/ |
| 29 | 北京大学机构知识库 | 北京大学 | http://ir.pku.edu.cn/ |
| 30 | 清华大学机构知识库 | 清华大学 | http://ir.lib.tsinghua.edu.cn/ |
| 31 | 北京科技大学机构知识库 | 北京科技大学 | http://ir.ustb.edu.cn/ |
| 32 | 西安交通大学机构知识库 | 西安交通大学 | http://www.ir.xjtu.edu.cn/jspui/index.do |

第二章　学术机构知识库发展的现状

| 序号 | 名　称 | 机构名 | 网　址 |
|---|---|---|---|
| 33 | 厦门大学学术典藏库 | 厦门大学 | http://dspace.xmu.edu.cn/dspace |
| 34 | 广西民族大学机构知识库 | 广西民族大学 | http://ir.gxun.edu.cn/ |
| 35 | 澳门大学机构典藏 | 澳门大学 | http://umir.umac.mo/jspui |
| 36 | 香港中文大学中国古籍库 | 香港中文大学 | http://udi.lib.cuhk.edu.hk/projects/chinese-rare-book-digital-collection/list |
| 37 | 香港理工大学机构典藏 | 香港理工大学 | http://repository.lib.polyu.edu.hk/jspui/ |
| 38 | 香港大学（科技机构典藏库） | 香港科技大学 | http://repository.ust.hk/dspace/ |
| 39 | 香港教育学院学术典藏 | 香港教育学院 | http://repository.ied.edu.hk/dspace/ |
| 40 | 香港城市大学机构典藏 | 香港城市大学 | http://dspace.cityu.edu.hk |
| 41 | 香港大学学术库 | 香港大学 | http://hub.hku.hk/ |
| 42 | 岭南大学机构典藏 | 岭南大学 | http://commons.ln.edu.hk/ |
| 43 | 真理大学机构典藏 | 真理大学 | http://ir.lib.au.edu.tw/dspace/ |
| 44 | 亚洲大学数位机构典藏系统 | 亚洲大学 | http://asiair.asia.edu.tw/ir/ |
| 45 | 台湾朝阳科技大学机构典藏 | 台湾朝阳科技大学 | http://ir.lib.cyut.edu.tw:8080/ |
| 46 | 台湾嘉南大学机构典藏 | 台湾嘉南大学 | http://ir.chna.edu.tw/ |
| 47 | 台湾"中国医药大学"机构典藏 | 台湾"中国医药大学" | http://ir.cmu.edu.tw/ir/ |
| 48 | 台湾文化大学机构典藏 | 台湾"中国文化大学" | http://ir.lib.pccu.edu.tw/ |

| 序号 | 名　　称 | 机构名 | 网　　址 |
|---|---|---|---|
| 49 | 台湾中山医学大学机构典藏 | 台湾中山医学大学图书馆 | http://ir.lib.csmu.edu.tw:8080/ |
| 50 | 台湾"中华医事科技大学"机构典藏系统 | "中华医事科技大学" | http://ir.hwai.edu.tw:8080/ir |
| 51 | 台湾中原大学机构典藏 | 台湾中原大学 | http://cycuir.lib.cycu.edu.tw/ |
| 52 | 台湾辅英科技大学机构典藏 | 台湾辅英科技大学 | http://ir.fy.edu.tw/ir/ |
| 53 | 台湾修平技术学院机构典藏 | 台湾修平技术学院 | http://ir.hust.edu.tw/ |
| 54 | 台湾华夏技术学院机构典藏 | 台湾华夏技术学院 | http://hwhir.hwh.edu.tw/ |
| 55 | 台湾义守大学机构典藏 | 台湾义守大学 | http://ir.lib.isu.edu.tw/ |
| 56 | 台湾昆山科技大学数字化资源库 | 台湾昆山科技大学 | http://drr.lib.ksu.edu.tw/ir/ |
| 57 | 台湾昆山科技大学机构典藏 | 台湾昆山科技大学 | http://ir.lib.ksu.edu.tw/ |
| 58 | 台湾美和科技大学机构典藏 | 台湾美和科技大学 | http://ir.meiho.edu.tw/ir |
| 59 | 台湾明道大学机构典藏 | 台湾明道大学 | http://210.60.94.92:8080/ir/ |
| 60 | 台湾"南华大学"机构典藏 | 南华大学 | http://nhuir.nhu.edu.tw:8085/ir/ |
| 61 | 台湾"中央大学"图书馆电子论文系统 | 台湾"中央大学" | http://thesis.lib.ncu.edu.tw/ETD-db/ETD-search-c/search |
| 62 | 台湾"中央大学"图书馆机构典藏 | 台湾"中央大学" | http://ir.lib.ncu.edu.tw/ |
| 63 | 彰化师范大学 | 彰化师范大学 | http://ir.ncue.edu.tw/ir/ |
| 64 | 台湾成功大学 | 台湾成功大学 | http://ir.lib.ncku.edu.tw/ |
| 65 | 台湾政治大学 | 台湾政治大学 | http://nccur.lib.nccu.edu.tw/ |
| 66 | 台湾暨南国际大学 | 台湾暨南国际大学 | http://ir.ncnu.edu.tw/ |
| 67 | 台湾交通大学 | 台湾交通大学 | http://ir.lib.nctu.edu.tw/ |

第二章　学术机构知识库发展的现状

| 序号 | 名　　称 | 机构名 | 网　　址 |
|------|---------|--------|---------|
| 68 | 台湾嘉义大学 | 台湾嘉义大学 | http://140.130.170.28: 8080/ir/ |
| 69 | 勤益科技大学机构典藏 | 勤益科技大学 | http://ir.lib.ncut.edu.tw/ |
| 70 | 台湾"中正大学" | 台湾"中正大学" | http://ccur.lib.ccu.edu.tw/ |
| 71 | 台湾中兴大学 | 台湾中兴大学 | http://nchuir.lib.nchu.edu.tw/ |
| 72 | 台湾中兴大学机构典藏 | 台湾中兴大学 | http://tahda.lib.nchu.edu.tw/gs32/nchudc/intro.html |
| 73 | 台湾东华大学机构典藏 | 台湾东华大学 | http://ir.ndhu.edu.tw/ |
| 74 | 台湾宜兰大学机构典藏 | 台湾宜兰大学 | http://tair.niu.edu.tw: 8080/ |
| 75 | 台湾高雄第一科技大学机构典藏 | 台湾高雄第一科技大学 | http://repository.nkfust.edu.tw/ir/ |
| 76 | 高雄师范大学机构典藏 | 高雄师范大学 | http://ir.lib.nknu.edu.tw/ |
| 77 | 台湾空中大学机构典藏 | 台湾空中大学 | http://ir.nou.edu.tw/dspace/ |
| 78 | 台湾屏东商业技术学院机构典藏 | 台湾屏东商业技术学院 | http://irs.lib.ksu.edu.tw/NPIC/ |
| 79 | 台湾屏东教育大学机构典藏 | 台湾屏东教育大学 | http://140.127.82.166 |
| 80 | 台湾"中山大学"机构典藏 | 台湾"中山大学" | http://140.117.120.62: 8080/ |
| 81 | 台湾台北教育大学机构典藏 | 台湾台北教育大学 | http://ntuer.lib.ntue.edu.tw/ |
| 82 | 台湾台北科技大学机构典藏 | 台湾台北科技大学 | http://ir.ntut.edu.tw/ |
| 83 | 台湾台湾师范大学机构典藏 | 台湾台湾师范大学 | http://ir.lib.ntnu.edu.tw/ |
| 84 | 台湾大学机构典藏 | 台湾大学 | http://ntur.lib.ntu.edu.tw/ |
| 85 | 台湾台湾科技大学机构典藏 | 台湾台湾科技大学 | http://ir.lib.ntust.edu.tw/ |

| 序号 | 名　　称 | 机构名 | 网　　址 |
|---|---|---|---|
| 86 | 台湾"清华大学"机构典藏 | 台湾"清华大学" | http://nthur.lib.nthu.edu.tw/ |
| 87 | 台湾"联合大学"机构典藏系统 | 台湾"联合大学" | http://rep.nuu.edu.tw/ |
| 88 | 台湾高雄大学机构典藏 | 台湾高雄大学 | http://ir.nuk.edu.tw:8080/ir/ |
| 89 | 台湾台南大学机构典藏 | 台湾台南大学 | http://nutnr.lib.nutn.edu.tw/ |
| 90 | 南台科技大学机构典藏 | 南台科技大学 | http://ir.lib.stut.edu.tw/ |
| 91 | 台南科技大学机构典藏 | 台南科技大学 | http://203.68.184.6:8080/dspace/ |
| 92 | 台北医学大学机构典藏 | 台北医学大学 | http://libir.tmu.edu.tw/ |
| 93 | 台湾农业研究所机构典藏 | 台湾农业研究所 | http://ir.tari.gov.tw:8080/ |
| 94 | 台湾神学院机构典藏 | 台湾神学院 | http://ir.taitheo.org.tw:8080/dspace/ |
| 95 | 淡江机构典藏 | 台湾淡江大学 | http://tkuir.lib.tku.edu.tw:8080/dspace/ |
| 96 | 东方设计学院机构典藏 | 东方设计学院机构典藏 | http://tfir.tf.edu.tw:8080/ir/ |
| 97 | 东海大学机构典藏 | 台湾东海大学 | http://thuir.thu.edu.tw/ |
| 98 | 文藻外语大学机构典藏 | 台湾文藻外语大学 | http://ir.lib.wtuc.edu.tw:8080/dspace/ |
| 99 | 育达科技大学机构典藏系统 | 台湾育达科技大学 | http://ir.ydu.edu.tw/ |
| 100 | 元培学术机构典藏网站 | 台湾元培科技大学 | http://ir.lib.ypu.edu.tw/ |
| 101 | 嘉南大学机构典藏 | 台湾嘉南大学 | http://ir.cnu.edu.tw/ |

　　我国101个机构知识库中,仅有3个明确了重用规则,其他均为提及或者未知状态。清华大学机构知识库、嘉南大学机构典藏均定义了数据重用规则,规定机构知识库中收录的全文数字对象只能用于非商业用途。岭南大学机构典藏对元数据重用规则、内容政策规则、数据提交规则均做了详细规定,明确指出元数据重用规则,规定重用不可用于商业目的,在此前提下,任何人均可以免费访问元数据和重

用元数据;对全文数据对象重用政策做规定,即任何人均可以免费访问并使用全文数据。

我国机构知识库的语种以中文为主,英文为辅助,还有1个机构知识库支持日文,1个机构知识库支持西班牙文。

# 参考文献

[1]MORRISON H. The obscene profits of commercial scholarly publishers[EB/OL].(2012-01-13) [2013-09-01]. http://svpow.com/2012/01/13/the-obscene-profits-of-commercial-scholarly-publishers/.

[2]GOWERS T.The cost of knowledge[EB/OL]. (2011-10-15)[2013-09-01].http://thecostofknowledge. com/.

[3]英国诺丁汉大学.About open DOAR [EB/OL]. (2011-02-12)[2013-09-01]. http://www.opendoar. org/about.html.

# 第三章　学术机构知识库可持续发展影响因素

本章基于前述以国内外学术机构知识库的研究和发展现状为基础,综合专家访谈、定性聚类分析、概率抽样调查、实证分析揭示学术机构知识库构建和应用过程中存在的问题及对学术机构知识库发展的影响权重,从而确定影响因素的构成维度和指标体系。

通过对国外文献进行收集、整理、分析可以发现,国外文献对学术机构知识库发展的影响因素的研究涉及以下几方面。

(1)用户。国外学者大部分认为用户(内容提交者和使用者)是学术机构知识库可持续发展的关键因素,用户提交内容的积极性和开放获取意识直接决定着学术机构知识库内容的收集。现在美国一些学者对学术机构知识库成功要素的主要研究热点就是用户。

(2)对建成的学术机构知识库进行整体评价的指标研究。主要是对已经建成的学术机构知识库整体实施和运行等情况制定一系列系统的评价指标,用以评价学术机构知识库是否成功创建并达到可持续发展目标。如以韩国"dCollection"项目相关内容为代表[1],构建了详细的评价指标,把学术机构知识库的构成分为四大要素:内容,管理与政策,系统与网络,使用、用户和提交者。

(3)学术机构知识库与内外机构之间关系的研究。学术机构知识库的内容收集政策、经费、与本机构宏观计划的融合、与机构内外的开放获取学术机构知识库之间的互操作性、国家宏观信息政策支持等因素对学术机构知识库的成功和可持续发展至关重要。如加拿大卡尔加里大学的 Mary Westell 提出的用来评估学术机构知识库成功构建的框架,Mary Westell 的主要相关要素有:强制性政策及管理、与机构宏观计划的融合、资金模型、与数字化中心的关系、与其他开放仓储的交互性、内容和成果评价、推广、保存策略[2]。

(4)由于国内的学术机构知识库发展时间比较短,关于学术机构知识库可持续发展影响因素方面的研究很少,而且研究的也都不深入。可以说国内关于学术机构知识库可持续发展影响因素方面的研究几乎是空白,更没有实证方面的研究。

## 3.1 学术机构知识库可持续发展影响因素构成维度

学术机构知识库的可持续发展涉及多方面因素,除了构建过程中的各种因素,还有外界环境的积极关注和参与、构建团队对成功案例考察分析的全面性、构建学术机构知识库目标的明确性、制定构建计划合理性、构建团队的组建、承建方的选择、领导支持度、技术平台的选择、资金充足与否、构建政策、内容选取范围、内容质量控制、用户参与积极性、上交智力成果的激励政策、知识产权、用户使用满意度、平台界面友好度、宣传力度等都是影响学术机构知识库可持续发展的重要因素。

本部分通过对国内外学者的研究成果进行系统深入的收集、整理、分析,从学术机构知识库构建角度,对构建过程中涉及的多方面因素进行分析,总结归纳出以下几点影响学术机构知识库可持续发展的因素、维度。

### 3.1.1 学术机构知识库构建初期阶段

(1)开放获取意识。

学术机构知识库的参与人员的开放获取意识对学术机构知识库可持续发展至关重要,主要包括:本机构领导对开放获取的意识;图书馆领导(多为承建方)开放获取的意识;提交者(用户)对开放存取的意识。

在学术机构知识库构建初期,各方人员对开放获取和学术机构知识库的态度对学术机构知识库可持续发展至关重要。无论是机构领导还是员工都应该具有开放获取意识,固守传统的思想会阻碍学术机构知识库的发展及整个构建过程。美国一些学术机构知识库之所以成功,与其参与人员较强的开放获取意识是密不可分的。

图书馆作为信息的生产者、收集者、组织者、出版者、保存者和传播者,在学术机构知识库的构建和维护及其正常运行等方面都将对图书馆产生深远的影响。只有图书馆员具有开放获取意识才会积极地参加各种与开放获取和IR相关的研讨会等相关活动,所以图书馆员的开放获取意识也很重要。学术机构知识库的构建成功与否关键在于其内容的丰富性是否满足用户的知识需求,知识提交者把知识提交到学术机构知识库是否提升其学术影响力、在该领域的学术地位和提高论文被引频次。而学术机构知识库知识提交者同时也是用户,是学术机构知识库内容的重要来源,所以提交者(用户)的开放获取意识直接关系内容提交的积极性和利用率,也关系学术机构知识库可持续发展。

(2)前期构建筹划。

这一步骤主要包括建立学术机构知识库的动机、系统构建计划、承建方选择、项目资金预算、获得稳定的资金投入和其他资金来源、构建团队的组建、开放获取理念的宣传。

学术机构知识库的建立动机将直接影响学术机构知识库成功与否及未来发展方向和其可持续发展,同时学术机构知识库构建前期要进行系统的计划,项目构建时间进度安排,保证项目构建按计划进行也很重要。在项目承建方的选择方面,目前全球学术机构知识库构建承建方多为图书馆,因为图书馆拥有丰富资源和专业人才及专业数字技术的优势。同时构建团队的组建也很重要,要保证合适的人才放到合适的岗位,达到人、岗位的最佳配备。机构内外应对项目进行开放获取理念的宣传,使机构内外成员对学术机构知识库有初步的了解,慢慢接受并加深开放获取意识。在学术机构知识库的整个构建、运行和维护过程中资金是关键因素。构建一个成功的学术机构知识库需要预算好资金需求量,构建每个环节需要的花费,运行维护花费,等等。无论是学术机构知识库创建初期还是运行和维护阶段,经费是贯穿整个系统项目生命周期的,没有经费项目就举步维艰。我国有些项目构建过程搁置原因之一就是经费短缺,所以要获得稳定的资金投入和其他资金来源,以保障学术机构知识库的正常构建。

(3)项目系统和网络。

主要需考虑的因素有:学术机构知识库对用户开放度、是否服从OAI-PMH互操作协议[3]、学术机构知识库页面友好度、学术机构知识库全文获取便捷度、学术机构知识库主页访问方便程度、是否支持布尔逻辑检索或模糊逻辑检索。

学术机构知识库对用户是完全开放获取,还只是其中部分开放获取和部分收费,直接影响学术机构知识库的利用率和对用户的吸引力。用户界面的设计友好,元数据和内容录入服从OAI-PMH互操作协议,也就是与其他学术机构或学术机构知识库的互操作性,和其他学术机构或部门的数据库或学术机构知识库具有超链接,可以进行跨库共享,机构间用简单的资源和系统互操作协议进行数字信息共享和学术交流,可以极大加强学术机构知识库的内容丰富性或系统活跃性。

在用户没有明确的检索目标或者说不知道如何表达检索内容的时候,学术机构知识库如果支持布尔逻辑检索或模糊逻辑检索功能就会给科研人员检索带来极大的便捷,所以学术机构知识库是否支持布尔逻辑检索或模糊逻辑检索功能也是吸引科研人员利用的一个因素。另外,学术机构知识库主页访问是否方便,对所需文献是否可以全文免费获取,都将影响学术机构知识库的可持续发展。

### 3.1.2 学术机构知识库运行阶段

在学术机构知识库运行实施阶段要考虑三点:一是学术机构知识库内容;二是管理和政策;三是用户或提交者。

(1)学术机构知识库内容。

其主要包括:内容的多样性;文献类型;文献流通率;内容质量控制;全文的完整性;灰色文献;元数据的完整性、准确性和一致性;文献资料的引用率和曝光率。

学术机构知识库构建团队选择合适的软硬件和网络之后,首先要考虑影响学术机构知识库成败的关键步骤,就是学术机构知识库内容选择、收集和整理等问题。其次要考虑内容的多样性,如音视频、PPT、图片、课件等,要满足用户的多样性需求。还有就是文献的类型也应该更加丰富多样,除了包括会议论文、期刊论文、学位论文、图书章节外,还包括技术和工作论文丛集、预印本和后印本、研究报告、会议论文、年度报告、学校院系和学生们发表的出版物等一些灰色文献。以上所有的这些资料都是学术机构知识库的基础,是吸引用户和提交者利用学术机构知识库的前提条件,是学术机构知识库运行成功与否的重要影响因素。

内容质量控制一直是学术机构知识库构建要解决的难题。要采取合适的措施和政策使内容质量得到保证,在内容质量得到保证的基础上才能使机构内外成员和用户进行高质量的信息共享和学术交流,进而科研人员产生更高质量的科研成果为本机构和学术界所共享,如此反复形成良性循环,提高学术机构的学术影响力和学术地位。

学术机构知识库内容全文完整性、元数据完整性及准确性、一致性等质量也是学术机构知识库可持续发展着重要考虑的因素。元数据的完整性及准确性、一致性等质量的高低决定着对文献资料描述的精确度,描述的精确度利于提高科研人员对文献的检索效率,通过准确的目录进行全文获取。如果元数据质量低、对内容描述不准确、全文内容不完整,会浪费科研人员大量检索和获取时间,科研人员使用学术机构知识库的意愿会大大降低。

开放获取运动的兴起和学术机构知识库的出现缩短了学术研究的周期(其他科研人员阅读、引用后再创新的周期)[4],也缩短了文献资料的出版时间,所以学术机构知识库文献资料是否及时更新也是学术机构知识库可持续发展的重要影响因素。

文献资料的引用率和曝光率也是极为重要的学术机构知识库可持续发展的影响因素。如果学术机构知识库内的文献资料的引用率高说明提交者的科研成果被同行引用得多,也说明其科研成果被同行高度认同,而曝光率高则说明学术机构知识库用户多,用户多也就导致潜在的提交者变多,从而形成良性循环。

(2)管理和政策。

其主要包括:国家对开放获取的政策;学术机构知识库宣传政策;资料存储制度[5];知识产权和版权;正式协议(部门内外间存储文档);系统管理政策;保证数字资源长期可靠的保存政策。

学术机构知识库的管理和相关政策是学术机构知识库可持续发展的重要保障。首先要考虑的就是国家对开放获取的政策,一个国家的开放获取政策将影响本国学术机构知识库的运行和未来发展方向。如果国家有好的开放获取政策,并通过了解国家政策适当调整学术机构知识库相关管理政策,将大大提高本机构的开放获取度。

学术机构知识库的宣传政策是对机构内外所有科研人员进行宣传,主要宣传学术机构知识库构建的意义和目的,科研人员利用和提交知识到学术机构知识库的各种益处。由于学术机构知识库是一种新兴的学术交流模式,很多科研人员还不太了解甚至没听过,相应的宣传可以增加其潜在科研人员和现有科研人员的进一步了解,所以各种宣传政策是很重要的。

为了保证学术机构知识库内容的充足性和丰富性,现行的资料存储制度,包括自存储和强制存储。机构认可和激励的自存储是科研人员存储智力成果到学术机构知识库的主要存储方式,由于在自存储过程中科研人员需耗费一定的时间和精力,所以相应的激励政策是至关重要的。为了在学术领域进一步促进科研合作,任何科研机构都应该鼓励科研团队提交自己的学术成果到学术机构知识库。事实证明,一个好的文献资料收集政策是促进知识分享和学术机构知识库发展的有效的方式。

相关研究表明,科研人员选择使用学术机构知识库的原因首先不是因为可以提升其学术地位和影响力等,而是其智力成果安全性,学术机构知识库向科研人员开放获取时是否能保护版权所有者的权益。版权所有者主要包括作者和商业出版者。学术机构知识库是否保证提交者和使用者的隐私权、学术机构知识库文献资源的版权许可等相关问题的一些管理政策也影响学术机构知识库成功创建和可持续发展。

是否和本机构其他部门或外机构签订正式的文献资料存档协议(最好是长期存储协议)和是否制定系统管理和维护的相关政策,也将影响着项目创建成功与否。

学术机构知识库的一个重要作用就是保存本机构的数字资源形式的科研成果,所以保证数字资源长期可靠的保存政策也是学术机构知识库可持续发展的关键因素。

(3)用户或提交者。

其主要包括:下载成功率;访问完整文本研究件成功率;用户和提交者的技术支持;用户和提交者培训;用户所属科研领域;教学科研人员提交科研成果的意愿;用户或提交者选择使用学术机构知识库的原因。

用户也可以指文献资料提交者,也就是说,用户既可以访问利用学术机构知识库同时也可以提交文献资料。所以如果学术机构知识库保证了对用户访问文献资料的完整文本研究件和下载的成功率、提高了用户满意度,就极大提高了用户提交自己智力成果到学术机构知识库的积极性,也影响了学术机构知识库内容丰富和充足等问题。同时,对用户和提交者举办的各种培训,例如如何操作学术机构知识库、提交文献资源流程等,都影响学术机构知识库可持续发展。

通过 Claire Creaser、Jenny Fry、Helen Greenwood 等学者的研究得知,物理科学和数学领域的科研人员对学术机构知识库表现了较强偏爱,社会科学、人文科学和艺术领域的科研人员比其他学科领域更愿意存储文献资料到学术机构知识库。[6]近五年内,医学领域的科研人员是存储文献资料到学术机构知识库最少的。

教学科研人员提交科研成果的意愿和用户或提交者为什么使用学术机构知识库,也是学术机构知识库可持续发展的重要影响因素,因为科研人员提交科研成果意愿的高低将直接影响学术机构知识库内容的充实性和丰富性,而充实性和丰富性是吸引用户的决定性条件。同时,如果知道多数用户或提交者使用学术机构知识库的原因或好处而有针对性地去创造其使用的便利条件,也影响学术机构知识库的可持续发展。

### 3.1.3 学术机构知识库维护阶段

它包括制定相应服务政策、系统维护政策和经费持续性。

(1)服务和监督。在学术机构知识库维护阶段,学术机构知识库应该建立咨询组,解答用户或提交者相关技术性问题、内容提交时和系统使用时遇到的技术问题、相关版权和知识产权的法律问题等。学术机构还应该建立学术机构知识库监督委员会。其主要职责是对学术机构知识库整个实践过程中计划实施效果、项目构建质量评定、项目经费使用情况、相关政策执行情况等,从第三方的角度发挥监督管理的作用,保障学术机构知识库正常运行和可持续发展。

还有一点就是前文一再提到的资金问题。这个阶段主要考虑的是对后续资金持续支持的争取,除了本机构后期追加资金外,机构还应该争取外界民间组织的资金援助等来保障项目持续发展。

(2)运行反馈。学术机构知识库管理者应仔细观察并了解用户信息搜索和利用习惯,并研究影响知识共享的因素。比如知识源缺乏激励和对知识表达不到位,知识接受者缺乏吸收和保持知识的能力,双方具有竞争和存在不利于知识共享的关系。同时要对用户的信息行为进行科学研究,根据需要及时调整服务政策,以便对服务进行改进,提高学术机构知识库的利用率。同时,学术机构知识库要鼓励用户信息反馈,包括机构知识库有效性的反馈、可能需要的改进以及定期与负责技术和功能开发的图书馆员共享信息。

## 3.2 学术机构知识库可持续发展影响因素模型构建

学术机构知识库可持续发展是一个涉及多因素的目标过程,目前国内很少有学者深入研究这方面问题。国外一些文献主要是研究学术机构知识库的概念、作用、意义、内容收集政策和相关法律问题,以及学术机构知识库构建、运行和应用评估等方面内容,关于学术机构知识库可持续发展方面的文章很少。笔者认为原因可能是以下三点:一是在现有数据库没有搜到相关文章;二是国外学者并没有开始这方面的研究;三是目前国外学者对学术机构知识库可持续发展问题正在探索过程中。

国外学者关于学术机构知识库运行和应用评估方面的文章其实也和学术机构知识库可持续发展是相关的,因为用于评估的评价指标也是衡量促进其构建成功和可持续发展的相关因素。所以笔者尽力搜集相关文章,进行更深入的相关理论研究,设计了学术机构知识库可持续发展影响因素维度,构建了学术机构知识库可持续发展影响因素模型,如图3.1所示。

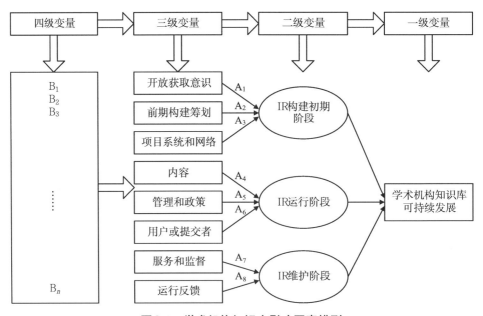

**图3.1 学术机构知识库影响因素模型**

本研究把学术机构知识库的整个运行发展过程分为三个阶段,每个阶段涉及的各个方面分别影响着学术机构知识库的可持续发展。

图3.1的模型中四级变量由12个分变量组成,其中学术机构知识库可持续发展为结果变量,学术机构知识库构建初期阶段、运行阶段和维护阶段中的开放获取意识、前期筹划、项目系统和网络、内容、管理和政策、用户、服务和监督、运行反馈八个变量为因变量。一级变量是学术机构知识库可持续发展;二级变量为三个阶段;三级变量是根据二级变量三个阶段展开各个具体指标;四级变量是三级变量具体指标进一步的细分指标。

## 3.3 研究假设

根据上述学术机构知识库可持续发展影响因素模型以及相关的理论分析,现对学术机构知识库影响因素模型提出以下假设。

研究假设 $A_1$:参与者的开放获取意识对学术机构知识库可持续发展有重要影响。

研究假设 $A_2$:学术机构知识库的前期构建筹划对学术机构知识库可持续发展有重要影响。

研究假设 $A_3$:学术机构知识库系统和网络对学术机构知识库的可持续发展有重要影响。

研究假设 $A_4$:学术机构知识库内容对学术机构知识库的可持续发展有重要影响。

研究假设 $A_5$:学术机构知识库管理和政策对学术机构知识库可持续发展有重要影响。

研究假设 $A_6$:学术机构知识库用户或提交者对学术机构知识库可持续发展有重要影响。

研究假设 $A_7$:学术机构知识库运行过程中的服务和监督对学术机构知识库可持续发展有重要影响。

研究假设 $A_8$:学术机构知识库运行过程反馈对学术机构知识库可持续发展有重要影响。

需要说明的是,因为本研究内容为学术机构知识库可持续发展的影响因素,涉及的因素比较多,在学术机构知识库整个运行过程中任何一个方面都可能影响到学术机构知识库的发展,所以上述八个研究假设是对众多影响因素的总结和归纳,其中每个研究假设里面都包括多个学术机构知识库可持续发展相关影响因素。

# 参考文献

[1]HO K Y, HEE K H. Development and validation of evaluation indicators for a consortium of institutional repositories:a case study of dCollection[J]. Journal of the America Society for Information Science and Technology, 2008, 59(8):1282-1294.

[2]WESTELL M. Institutional repositories:proposed indicators of success[J]. Library Hitech, 2006, 24 (2): 211-226.

[3]NELSON M L,et al. Resource harvesting within the OAI-PMH framework[J/OL]. D-Lib Magazine, 2012,10(12)[2013-05-06]. http://www.dlib.org/dlib/december04/vandesompel/12vandesompel.html.

[4]马宏伟,黄显堂. 开放存取——文献资源建设的新思维[J].图书馆论坛,2007(27).

[5]RYNA K,BRIAN R. Report on open repository development in developing and transition countries [EB/OL]. (2013-05-12)[2015-10-21]. http://www.eif1.net/cps/seetions/services/eifloa/docs/report-on-open.

[6]CLAIRE C,et al. SONYA(2010) authors awareness and attitudes toward open access repositories[J]. New Review of Academic Librarianship, 2010(16):1,145-161.

# 第四章  学术机构知识库可持续发展
# 影响因素调研

## 4.1  问卷调查表的设计

为了更有效地验证上一章通过理论总结提出的概念模型和研究假设,本研究进行了"学术机构知识库可持续发展影响因素"调研。为了检验模型设计的合理性和验证提出的研究假设,以科学设计的测量项目进行了收集研究资料和数据。根据学术机构知识库的特点,同时考虑到当前学术机构知识库的构建主体多为图书馆,并得到了研究机构等相关部门的支持,所以本研究的调查对象主要是高校和科研机构(建有一定规模的学术机构知识库)的图书馆工作人员及用户,主要是学术机构知识库的建设者、维护者、管理者和用户。学术机构知识库的构建者、管理者、维护者、用户或提交者的需求才是学术机构知识库是否能成功可持续发展的关键。

问卷调查在实证研究中是比较重要的一个环节,问卷的质量也在一定程度上决定调查的结果。一份设计良好的问卷是提供必要的决策信息的重要基础。本研究对国内外有关期刊、论文、学术会议报告、专著及统计报告等进行搜集并汇总分析,作为研究的理论基础及问卷设计依据,同时参考国内外现有的相关问卷内容,进行了问卷题项的设计和归类。事实上,本调查问卷的题项设计在上一章构建的学术机构知识库可持续发展影响因素模型中已经体现出来了,但是表现在具体问卷中还需要进行一些修正。为了使问卷便于数据处理和填写的方便性等,也为了得到更加合理和科学的调查结果,保证问卷中的各个问题项都能正确反映模型中的变量,在参考前人研究的基础上,需要对问卷的题项顺序进行重新编排。

本调查问卷共分为三部分:第一部分针对学术机构知识库建设者和管理者;第二部分针对学术机构知识库用户或提交者;第三部分针对调查对象基本情况。本调查问卷中的题项都显示出第三章中构建的学术机构知识库影响因素模型的主要影响因素。第1题至第9题是侧重对学术机构知识库建设者和管理者设计,主要调查的影响因素是:开放获取意识、前期构建筹划、学术机构知识库内容、管理和政策、服务和监督、项目系统和网络。第10题至第14题侧重对学术机构知识库用户或提交者,主要调查的影响因素是:用户、运行反馈、内容。最后一题针对被调查者,主要调查被调查者的性别、受教育程度和目前的职业等基本情况。问卷主要是采用李克特(Likert)五点的评价方法,将问卷评分等级分为五级:"1"表示很不重要,"2"表示不重要,"3"表示一般重要,"4"表示重要,"5"表示很重要,还配有单项选择题、多项选择题和填空题三种形式。本研究考虑到反向问题可能会打乱被调查者的思维逻辑,影响回收问卷的质量,为了使调查者能获得所需的信息,采用了正向问题设置的方法。

## 4.2　调查数据收集与分析

### 4.2.1　调查数据收集

本研究的问卷调查时间是2012年1月1日至2月21日,主要针对国内高校、科研机构,香港、澳门和台湾地区的高校学术机构知识库,对符合条件的研究对象有目的地进行发放,采用网络在线填答提交的形式。Earl Babbie建议样本最少应该大于100份,最好是大于200份,但是考虑到本研究的调查对象总数不到100个,所以发放问卷总数占被调查对象总数的60%为有效。截至2011年1月14日,国内(包括香港、澳门和台湾)共建立学术机构知识库64个。据统计,国内的一些学术机构知识库因为只为本单位或者特定群体服务所以没有被Open DOAR收录。这64个学术机构知识库中截至2012年2月20日停止不用的有9个,主要有:福建师范大学负责的Frary and Information Science Institutional Repository;台湾工业技术研究院的ITRI Institutional Repository;台湾暨南国际大学负责的National Chi Nan University Repository(NCNU IR);台湾科技大学和台湾联合大学负责的知识库;台湾屏东教育大学负责的PUE IR;台湾神学院负责的Taiwan Theological College & Seminary Digital Repository;台湾农业研究学院负责的Agricultural Research Institute Institutional Repository（TARIIR）；台湾修平技术学院负责的 Hsiuping Institute of Technology Institutional Repository（HITIR）。可能本研究对国内的统计存在一定的误差。另外，截至2012年2月23日，本研究重新对 Open DOAR 进行统计得知，学术机构知识库增加27个，其中22个为中国科学院在各地的分院所拥有，但是其负责人均为同一人，所以问卷只发一份，其余5个是台湾地区。之前需要发放问卷的55个和新增的需要发放问卷的6份，共发放调查问卷61份，回收55份，回收率约为90%。其中有效问卷为49份，有效回收率为89%。同时针对问卷中的第10~14题着重对学术机构知识库的用户进行问卷调查，共发放问卷100份，回收68份，回收率为68%，有效问卷为61份，有效回收率为89.7%，以上所有问卷的回收具体情况如表4.1所示。

表4.1 学术机构知识库可持续发展影响因素调查问卷回收情况表

| 调查对象 | 发放问卷/份 | 回收问卷/份 | 回收率/% | 有效问卷/份 | 有效率/% |
|---|---|---|---|---|---|
| 管理者或建设者 | 61 | 55 | 90 | 49 | 89 |
| 用户或提交者 | 100 | 68 | 68 | 61 | 89.7 |

## 4.2.2 调查数据分析

（1）对学术机构知识库管理者或建设者的调查问卷分析。

学术机构知识库可持续发展影响因素调查问卷主要是对影响学术机构知识库可持续发展有哪些因素而对学术机构知识库的管理者、网站维护者或建设者和用户进行的问卷调查。调查结果显示，学术机构知识库可持续发展的一些影响因素呈现一定的趋势性，具体数据分析结果详见下文。通过对调查问卷的分析可知，以下因素对学术机构知识库可持续发展最重要，如表4.2所示。

表4.2中的数据为问卷调查得出的统计数，百分数为选项占有效问卷总数的百分比。

表 4.2 学术机构知识库可持续发展影响因素调查结果

| 序号 | 可持续发展影响因素 | 很不重要 | 不重要 | 一般 | 重要 | 很重要 |
|---|---|---|---|---|---|---|
| 1 | 国家立法强制公共资金资助的科学研究成果开放获取 | 0 (0%) | 0 (0%) | 1 (2.04%) | 17 (34.69%) | 31 (63.27%) |
| 2 | 机构内决策层支持 | 0 (0%) | 0 (0%) | 2 (4.08%) | 13 (26.53%) | 34 (69.39%) |
| 3 | 开放获取理念的宣传 | 0 (0%) | 0 (0%) | 8 (16.33%) | 10 (20.41%) | 31 (63.26%) |
| 4 | 对用户或提交者使用IR的培训和宣传 | 0 (0%) | 1 (2.04%) | 3 (6.12%) | 27 (55.10%) | 18 (36.74%) |
| 5 | 教学科研人员提交科研成果的意愿 | 0 (0%) | 0 (0%) | 3 (6.12%) | 26 (53.06%) | 20 (40.82%) |
| 6 | 用户或提交者的开放获取意识 | 0 (0%) | 0 (0%) | 2 (4.08%) | 26 (53.06%) | 21 (42.86%) |
| 7 | 构建团队组建 | 0 (0%) | 1 (2.04%) | 7 (14.29%) | 28 (57.14%) | 13 (26.53%) |
| 8 | 机构库系统构建计划的周全性 | 0 (0%) | 0 (0%) | 4 (8.16%) | 24 (48.98%) | 21 (42.86%) |
| 9 | 获得稳定的资金投入和其他资金来源 | 0 (0%) | 1 (2.04%) | 3 (6.12%) | 14 (28.57%) | 31 (63.27%) |
| 10 | 系统管理制度 | 0 (0%) | 0 (0%) | 6 (12.25%) | 26 (53.06%) | 17 (34.69%) |
| 11 | 机构库存储的资料选择标准的指南 | 0 (0%) | 0 (0%) | 5 (10.20%) | 25 (51.02%) | 19 (38.78%) |
| 12 | 机构库存储资料的来源学科范围 | 0 (0%) | 1 (2.04%) | 8 (16.33%) | 18 (36.74%) | 22 (44.89%) |
| 13 | 资料存储制度 | 0 (0%) | 0 (0%) | 6 (12.25%) | 26 (53.06%) | 17 (34.69%) |
| 14 | 保障材料长期保存的政策 | 0 (0%) | 0 (0%) | 6 (12.24%) | 25 (51.02%) | 18 (36.74%) |
| 15 | 机构认可和激励其成员上交智力成果到机构库 | 0 (0%) | 0 (0%) | 2 (4.08%) | 26 (53.06%) | 21 (42.86%) |

| 序号 | 可持续发展影响因素 | 很不重要 | 不重要 | 一般 | 重要 | 很重要 |
|---|---|---|---|---|---|---|
| 16 | 本机构与其他院或部门签订正式文档存储协议 | 0 (0%) | 1 (2.04%) | 13 (61.22%) | 15 (51.02%) | 20 (40.82%) |
| 17 | 您是否就机构库运行等方面与版权所有者和出版商进行协商 | 0 (0%) | 2 (4.08%) | 5 (10.20%) | 20 (40.82%) | 22 (44.90%) |
| 18 | 本机构出版的学术成果的可见性和引用率 | 0 (0%) | 0 (0%) | 4 (8.16%) | 19 (38.78%) | 26 (53.06%) |
| 19 | 设立机构知识库督导委员会 | 0 (0%) | 0 (0%) | 9 (18.37%) | 22 (44.89%) | 18 (36.74%) |
| 20 | 设立学术机构知识库咨询组 | 0 (0%) | 0 (0%) | 10 (20.41%) | 26 (53.06%) | 13 (26.53%) |
| 21 | 内容知识产权政策 | 0 (0%) | 0 (0%) | 4 (8.16%) | 28 (57.15%) | 17 (34.69%) |
| 22 | IR对机构外用户的开放程度:完全开放、部分开放、权限设置 | 0 (0%) | 0 (0%) | 1 (2.04%) | 14 (28.57%) | 34 (69.39%) |
| 23 | 便捷友好的存储过程 | 0 (0%) | 0 (0%) | 3 (6.12%) | 20 (40.82%) | 26 (55.10%) |
| 24 | IR主页访问方便程度 | 0 (0%) | 0 (0%) | 1 (2.04%) | 19 (38.78%) | 29 (59.18%) |
| 25 | 使用IR有效性的反馈功能 | 0 (0%) | 0 (0%) | 8 (16.33%) | 20 (40.81%) | 21 (42.86%) |
| 26 | 遵从OAI-PMH元数据收割协议 | 0 (0%) | 0 (0%) | 7 (14.29%) | 14 (28.57%) | 28 (57.14%) |
| 27 | 全文搜索和获取便捷度 | 0 (0%) | 0 (0%) | 0 (0%) | 22 (44.89%) | 27 (55.10%) |
| 28 | 支持布尔逻辑检索 | 0 (0%) | 0 (0%) | 7 (14.29%) | 28 (57.14%) | 14 (28.57%) |
| 29 | 搜索建议或帮助 | 0 (0%) | 0 (0%) | 8 (16.33%) | 33 (69.35%) | 8 (16.32%) |

本研究对矩阵单选题做以下分析。

第一,把选"很重要""重要""一般""不重要"和"很不重要"的选项的前六个影响因素进行降序排序,可得出以下各图的统计结果。其中"不重要""很不重要"的因素,选中率最高的"不重要"因素"您是否就机构库运行等方面与版权所有者和出版商进行协商"也只是占4.08%。这就可以看出,在调查对象看来,问卷所列的29个影响因素中几乎没有"不重要"和"很不重要"的因素,故此本研究不做统计分析。

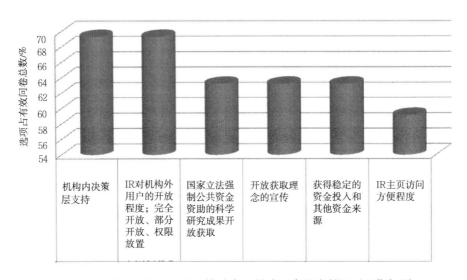

图4.1　学术机构知识库可持续发展影响因素调查("很重要"选项)

图4.1是调查对象选取"很重要"选项的前六位可持续发展影响因素统计图。图中的纵坐标是选项占问卷总数的百分比,横坐标是被选为"很重要"的影响因素。在29个影响因素中被选为"很重要"的有:机构内决策层支持;IR对机构外用户的开放程度(完全开放、部分开放、权限设置);国家立法强制公共资金资助的科学研究成果开放获取;开放获取理念的宣传;获得稳定的资金投入和其他资金来源;IR主页访问方便程度。它们分别占69.38%、69.38%、63.26%、63.26%、63.26%和59.18%。这说明2/3的调查对象认为机构内决策层支持、IR对机构外用户的开放程度(完全开放、部分开放、权限设置)、国家立法强制公共资金资助的科学研究

成果开放获取、开放获取理念的宣传、获得稳定的资金投入和其他资金来源和IR主页访问方便程度对学术机构知识库可持续发展最重要。

图4.2的结构同上。在"重要"的选项里,排前六位的可持续发展影响因素是:搜索建议或帮助、支持布尔逻辑检索、内容知识产权政策、构建团队组建、对用户或提交者使用IR的培训和宣传和教学科研人员提交科研成果的意愿。分别占69.38%、59.18%、57.14%、57.14%、55.10%和53.06%。这说明超过50%的调查对象认为搜索建议或帮助、支持布尔逻辑检索、内容知识产权政策、构建团队组建、对用户或提交者使用IR的培训和宣传、教学科研人员提交科研成果的意愿对学术机构知识库可持续发展具有仅次于"很重要"的重要影响。

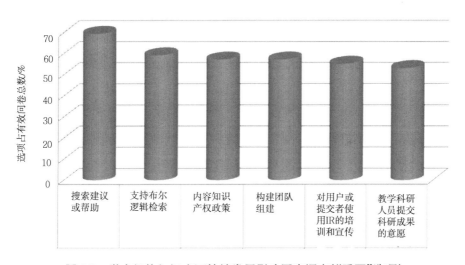

图4.2 学术机构知识库可持续发展影响因素调查("重要"选项)

在"一般"选项里面排前六位的可持续发展影响因素是:本机构与其他院或部门签订正式文档存储协议、设立学术机构知识库咨询组、设立机构知识库督导委员会、开放获取理念的宣传、机构库存储资料的来源学科范围和搜索建议或帮助。分别占61.22%、20.40%、18.36%、16.32%、16.32%和16.32%。这可以很明显地看出,只有1/4的调查对象认为本机构与其他院或部门签订正式文档存储协议、设立学术机构知识库咨询组、设立机构知识库督导委员会、开放获取理念的宣传、机构库存储资料的来源学科范围和搜索建议或帮助对学术机构可持续发展具有一般的影响。

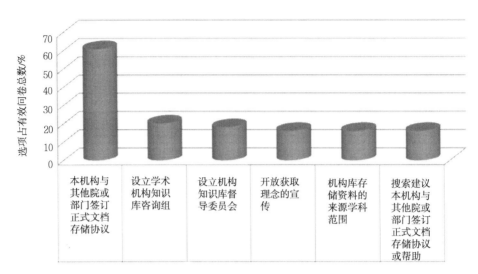

**图4.3　学术机构知识库可持续发展影响因素调查("一般"选项)**

第二,由于问卷项中的每个影响因素的重要程度是依次递减的,上一级层次的重要程度自然就包括在下一级层次的重要程度中了。例如:选择"很重要"的对象也就自然包涵在选择"重要"的对象范围里。所以为了数据分析结果的科学合理,本研究先把选择"很重要"的因素,按选项占总数百分比从大到小进行排序,把从排第七以下(包括第七)因素开始和"重要"两个选项进行相加、排序,进而作为"重要"层次的排序依据,按选项占总数百分比前六位是机构内决策层支持、IR对机构外用户的开放程度(完全开放、部分开放、权限设置)、国家立法强制公共资金资助的科学研究成果开放获取、开放获取理念的宣传、获得稳定的资金投入和其他资金来源和IR主页访问方便程度。其分别占69.38%、69.38%、63.26%、63.26%、63.26%和59.18%。除掉这六个影响因素的"很重要"和"重要"两个选项进行相加、排序得到学术机构知识库可持续发展影响因素排序表,如表4.3所示。

**表4.3　学术机构知识库可持续发展影响因素排序**

| 序号 | 影响因素 | 很重要 | 重要 | 前两项和 | 排名 |
|---|---|---|---|---|---|
| 27 | 全文搜索和获取便捷度 | 55.10% | 44.90% | 100% | 1 |

| 序号 | 影响因素 | 很重要 | 重要 | 前两项和 | 排名 |
|---|---|---|---|---|---|
| 15 | 机构认可和激励其成员上交智力成果到机构库 | 42.85% | 53.06% | 95.91% | 2 |
| 6 | 用户或提交者的开放获取意识 | 42.85% | 53.06% | 95.91% | 3 |
| 23 | 便捷友好的存储过程 | 55.10% | 40.81% | 95.91% | 4 |
| 5 | 教学科研人员提交科研成果的意愿 | 40.81% | 53.06% | 93.87% | 5 |
| 4 | 对用户或提交者使用IR的培训和宣传 | 36.73% | 55.10% | 91.83% | 6 |
| 8 | 机构库系统构建计划的周全性 | 42.85% | 48.98% | 91.83% | 7 |
| 16 | 本机构与其他院或部门签订正式文档存储协议 | 40.81% | 51.02% | 91.83% | 8 |
| 18 | 本机构出版的学术成果的可见性和引用率 | 53.06% | 38.77% | 91.83% | 9 |
| 21 | 内容知识产权政策 | 34.69% | 57.14% | 91.83% | 10 |
| 11 | 机构库存储的资料选择标准的指南 | 38.77% | 51.02% | 89.79% | 11 |
| 10 | 系统管理制度 | 34.69% | 53.06% | 87.75% | 12 |
| 13 | 资料存储制度 | 34.69% | 53.06% | 87.75% | 13 |
| 14 | 保障材料长期保存的政策 | 36.73% | 51.02% | 87.75% | 14 |
| 28 | 支持布尔逻辑检索 | 28.57% | 59.18% | 87.75% | 15 |
| 29 | 搜索建议或帮助 | 16.32% | 69.39% | 85.71% | 16 |
| 17 | 您是否就机构库运行等方面与版权所有者和出版商进行协商 | 44.89% | 40.82% | 85.71% | 17 |
| 26 | 遵从OAI-PMH元数据收割协议 | 57.14% | 28.57% | 85.71% | 18 |
| 25 | 使用IR有效性的反馈功能 | 42.85% | 40.82% | 83.67% | 19 |
| 7 | 构建团队组建 | 26.53% | 57.14% | 83.67% | 20 |
| 19 | 设立机构知识库督导委员会 | 36.73% | 44.89% | 81.63% | 21 |
| 12 | 机构库存储资料的来源学科范围 | 44.89% | 36.73% | 81.63% | 22 |
| 20 | 设立学术机构知识库咨询组 | 26.53% | 53.06% | 79.59% | 23 |

第四章 学术机构知识库可持续发展影响因素调研

从表4.3可以看出,"很重要"和"重要"两个选项的影响因素相加后排前六位的是:全文搜索和获取便捷度、机构认可和激励其成员上交智力成果到机构库、用户或提交者的开放获取意识、便捷友好的存储过程、教学科研人员提交科研成果的意愿、对用户或提交者使用IR的培训和宣传。其分别占100%、95.91%、95.91%、95.91%、93.87%和91.83%。出乎本研究意料的是,全文搜索和获取便捷度高达100%,这说明调查对象认为学术机构知识库的资料全文检索和获取对其可持续发展是重要的影响因素。再就是用户或提交者的开放获取意识,资料上传过程以及对用户或提交者使用学术机构知识库的培训等影响因素都高居90%以上。依次向下"重要"的影响因素就是关于学术机构知识库的系统和内容方面的系统构建计划、资料存储、知识产权等方面的影响因素。就是最后一项也占79.59%,这说明本问卷的29个影响因素对学术机构知识库的可持续发展都具有不同程度的影响。

由于调查问卷的问题表达方式不同,所以以下因素同样也是学术机构知识库可持续发展的影响因素,图4.4是学术机构知识库在实施、促进和运行过程中面临挑战的统计数据。

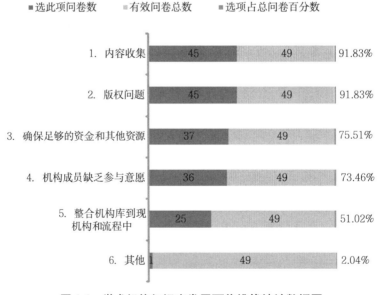

图4.4 学术机构知识库发展面临挑战统计数据图

从图4.4可以看出,当前学术机构知识库在实施、促进和运行过程中面临的挑战排并列第一的是:内容收集、版权问题,然后是确保足够的资金和其他资源、机构成员缺乏参与意愿和整合机构库到现有机构和流程中,分别占91.83%、91.83%、75.51%、73.46%和51.02%。这说明70%调查对象认为内容收集、版权问题、确保足够的资金和其他资源、机构成员缺乏参与意愿因素是学术机构知识库面临的主要挑战。而因素"整合机构库到现有机构和流程中"只有51.02%的调查对象认为是学术机构知识库面临的挑战。同时台湾"中央大学"的机构典藏管理者还认为"增加机构典藏的宣传和能见度"也是学术机构知识库面临挑战的一个因素。

这同时也进一步验证了:获得稳定的资金投入和其他资金来源、国家立法强制公共资金资助的科学研究成果开放获取、开放获取理念的宣传和教学科研人员提交科研成果的意愿、内容知识产权政策等因素对学术机构知识库可持续发展具有不同程度的影响。所以学术机构知识库在实施、促进和运行过程中,所面临挑战同样也是学术机构知识库可持续发展的影响因素。

另外,调查问卷结果显示,学术机构知识库的建立动机一项问题中,87.75%的学术机构知识库的管理者或建设者选"保存机构的研究成果",63.26%的调查对象选"免费获得机构的研究成果"。这就可以看出学术机构知识库超过半数的建立动机还只是初步的保存或免费获得本机构的研究成果,并不重视提升本机构和学者的学术影响力和竞争力,自然从长远上来看,其可持续发展就存在一定的问题。"提高机构的研究成果可见性""为了帮助对部门和科研人员的评估的需要"各占34.69%和24.48%,不到50%的调查对象选择此项,这也验证了以上不重视提升本机构和学者的学术影响力和竞争力的分析。学术机构知识库构建动机具体数据分析详见图4.5。

(2)对学术机构知识库用户或提交者的调查问卷分析。

由于本研究调查问卷共分为两个部分,一是针对学术机构知识库管理者和建设者的,另一部分是针对学术机构知识库的用户或提交者的。以下主要分析针对用户或提交者设计的问卷。影响学术机构知识库用户选择使用IR的重要原因数据分析结果,具体见表4.4。

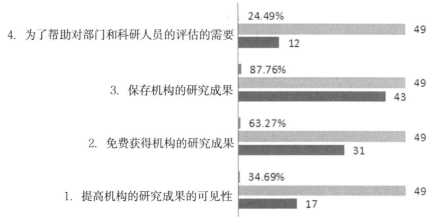

■ 选项占总问卷百分数 　■ 有效问卷数 　■ 选此项问卷数

4. 为了帮助对部门和科研人员的评估的需要 — 24.49% — 49 — 12

3. 保存机构的研究成果 — 87.76% — 49 — 43

2. 免费获得机构的研究成果 — 63.27% — 49 — 31

1. 提高机构的研究成果的可见性 — 34.69% — 49 — 17

**图4.5 学术机构知识库构建动机**

表4.4中的数据为问卷调查得出影响学术机构知识库用户选择使用IR重要原因数据分析结果,表中百分数为选项占有效问卷总数的百分比。表4.4中的数据也可以用统计图更直观地表示出来,图4.6可以更清楚地看到每个影响因素对学术机构知识库可持续发展重要程度的分布状态,图中的横坐标和表4.4中的序号是相对应的。

**表4.4 用户使用学术机构知识库影响因素**

| 序号 | 影响因素 | 很不重要 | 不重要 | 一般 | 重要 | 很重要 |
|------|----------|----------|--------|------|------|--------|
| 1 | 完全免费开放获取 | 0 (0%) | 0 (0%) | 3 (4.92%) | 12 (19.67%) | 46 (75.41%) |
| 2 | 应用很普及 | 0 (0%) | 0 (0%) | 5 (8.20%) | 23 (37.70%) | 33 (54.10%) |
| 3 | 传播速度快 | 0 (0%) | 0 (0%) | 3 (4.92%) | 28 (45.90%) | 30 (49.18%) |

| 序号 | 影响因素 | 很不重要 | 不重要 | 一般 | 重要 | 很重要 |
|---|---|---|---|---|---|---|
| 4 | 增加文章被引率 | 0<br>(0%) | 0<br>(0%) | 3<br>(4.92%) | 25<br>(40.98%) | 33<br>(54.10%) |
| 5 | 对职业发展重要 | 0<br>(0%) | 1<br>(1.63%) | 6<br>(9.84%) | 34<br>(55.74%) | 20<br>(32.79%) |
| 6 | 提高个人学术影响力 | 0<br>(0%) | 0<br>(0%) | 3<br>(4.92%) | 41<br>(67.21%) | 17<br>(27.87%) |
| 7 | 科研人员同事影响或<br>带动 | 0<br>(0%) | 1<br>(1.64%) | 5<br>(8.20%) | 30<br>(49.18%) | 25<br>(40.98%) |
| 8 | 本机构成果认定必须<br>提交 | 0<br>(0%) | 0<br>(0%) | 5<br>(8.20%) | 31<br>(50.82%) | 25<br>(40.98%) |
| 9 | 出版商的版权限制 | 0<br>(0%) | 0<br>(0%) | 3<br>(4.92%) | 40<br>(65.57%) | 18<br>(29.51%) |
| 10 | 资助机构的要求 | 0<br>(0%) | 0<br>(0%) | 7<br>(11.48%) | 36<br>(59.01%) | 18<br>(29.51%) |

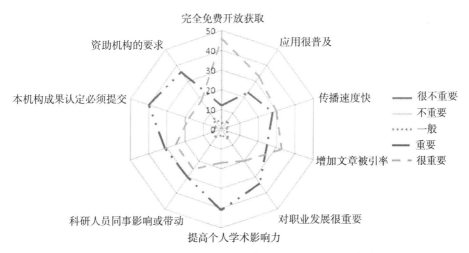

**图4.6 影响学术机构知识库用户使用IR原因数据统计图**

分析过程同上,首先,第一,把选"很重要""重要""一般""不重要"和"很不重要"的选项的选前三个影响因素进行降序排序(由于本选项的影响因素只有十个,所以只选前三个因素)。得出影响学术机构知识库用户使用IR的原因数据统计如表4.5所示。

表4.5    影响学术机构知识库用户使用IR的原因

| 影响因素 | 不重要 | 一般 | 重要 | 很重要 |
|---|---|---|---|---|
| 完全免费开放获取 | 0% | 4.91% | 19.67% | **75.40%** |
| 应用很普及 | 0% | 8.19% | 37.7% | **54.09%** |
| 增加文章被引率 | 0% | 4.91% | 40.98% | **54.09%** |
| 传播速度快 | 0% | 4.91% | 45.90% | 49.18% |
| 科研人员同事影响或带动 | **1.63%** | 8.19% | 49.18% | 40.98% |
| 本机构成果认定必须提交 | 0% | **8.19%** | 50.81% | 40.98% |
| 对职业发展重要 | **1.63%** | **9.83%** | 55.73% | 32.78% |
| 资助机构的要求 | 0% | **11.47%** | 59.01% | 29.50% |
| 出版商的版权限制 | 0% | 4.91% | **65.57%** | 29.50% |
| 提高个人学术影响力 | 0% | 4.91% | **67.21%** | 27.86% |

表4.5中,加粗字体的单元格为很重要、重要、一般、不重要的因素中排名前三的影响因素。同一个影响因素,如"对职业发展的重要性"和"资助机构的要求"分别列在一般和不重要的第二名,和重要与一般的第一名。

"很重要"影响因素中,按降序排序后的前三个因素是:完全免费开放获取、应用很普及和增加文章被引率,分别占75.40%、54.09%和54.09%。这说明在调查对象看来影响其使用学术机构知识库的重要原因是免费的开放获取、应用的普及以及可以增加用户或提交者的文章被引率。

"重要"因素中排前三位的是:提高个人学术影响力、出版商的版权限制和资助机构的要求,分别占67.21%、65.57%和59.01%。这说明67.21%调查对象为了提升自身的学术影响力而选择使用学术机构知识库,而65.57%和59.01%的调查对象是因为出版商的版权限制和研究项目的资助机构的要求而选择使用学术机构知识库的。

"一般"和"不重要"影响因素中分别排前三位的是:资助机构的要求、对职业发展重要和科研人员、同事影响或带动,分别占11.47%、9.83%和8.19%;对职业发展重要、科研人员同事影响或带动和提高个人学术影响力,分别占1.63%、1.63%和0%。在"一般"的选项里,影响因素最高的是选资助机构的要求,也只是占了11.47%,而在"不重要"影响因素最高的是对职业发展重要,占了1.63%。这就说明在问卷中的10个影响因素里面几乎没有"一般"和"不重要"中的影响因素。

其次,除掉"很重要"和"重要"选项里的前三个因素,把剩下的相加、排序后得出:传播速度快占95.08%、本机构成果认定必须提交占91.79%、科研人员同事影响或带动占90.16%和对职业发展重要占88.51%。这说明这十个因素都是影响用户使用学术机构知识库的重要原因。

以下是用户认为学术机构知识库哪种服务应该被进一步发展的问卷结果分析过程。用户认为应该加强或进一步发展的服务项目说明这些项目就是当前学术机构知识库要改进的,同时也是影响其可持续发展的重要影响因素,具体分析过程见表4.6。

表4.6中的百分数是选项占总数的百分比,在表4.6中可以看到每个选项里服务项占有的比例,图4.7是在"是"的选项里面每个服务项占有百分数的降序排序结果,即学术机构知识库应加强的服务项目统计图。

表4.6 学术机构知识库应加强的服务项目统计表

| 服务项目 | 是 | 否 | 不知道 |
|---|---|---|---|
| 1. 机构库为每个数字项目显示使用统计情况 | 50 (81.97%) | 5 (8.20%) | 6 (9.83%) |
| 2. 贵单位机构库就为全文可获得性对用户提供反馈服务功能 | 51 (83.61%) | 6 (9.83%) | 4 (6.56%) |
| 3. 内容多样性 | 58 (95.08%) | 1 (1.64%) | 2 (3.28%) |
| 4. 访问完整文本文件和下载成功率 | 57 (93.44%) | 3 (4.92%) | 1 (1.64%) |
| 5. 文献类型 | 52 (85.25%) | 8 (13.11%) | 1 (1.64%) |
| 6. 数字资源的质量控制 | 60 (98.36%) | 1 (1.64%) | 0 (0%) |

续表

| 服务项目 | 是 | 否 | 不知道 |
|---|---|---|---|
| 7. 流通率:近三年发表(或未发表)的文献资料 | 43 (70.49%) | 6 (9.84%) | 12 (19.67%) |
| 8. 文献资料的引用率和曝光率 | 57 (93.44%) | 2 (3.28%) | 2 (3.28%) |
| 9. 元数据的完整性、准确性和一致性 | 59 (96.72%) | 1 (1.64%) | 1 (1.64%) |
| 10. 增加灰色文献 | 46 (75.41%) | 3 (4.92%) | 12 (19.67%) |

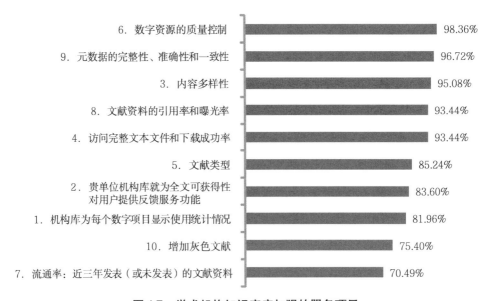

**图4.7 学术机构知识库应加强的服务项目**

首先,在图4.7中能清楚地看到调查对象选择的服务项目达90%以上的有5个,分别是:数字资源的质量控制;元数据的完整性、准确性和一致性;内容多样性;文献资料的引用率和曝光率;访问完整文本研究件和下载成功率。其各占98.36%、96.72%、95.08%、93.44%和93.44%。说明90%以上,甚至高达98.36%的调查对象认为学术机构知识库内容是最应该加强和改善的服务项目,包括资料质量控制、元数据质量、内容丰富性、文献的高引用率和全文下载成功率。

其次,80%到70%的调查对象选择的服务项目降序排序结果,以下是每个服务项目及占的比例,分别是:文献类型(85.24%);贵单位机构库就为全文可获得性对用户提供反馈服务功能(83.60%);机构库为每个数字项目显示使用统计情况(81.96%);增加灰色文献(75.40%);流通率:近三年发表(或未发表)的文献资料(70.49%)。这些服务项目是仅次于上面占90%以上的5个服务项目,但是不能说其不重要,因为有超过2/3的调查对象认为以上的5个服务项目是应该在未来发展的。

最后,在"否"的选项里最高的文献类型只占13.11%,这说明在调查对象看来问卷中所列的10个服务项目没有不应该在未来应该发展的。在"不知道"的选项里面占百分数最高的是:增加灰色文献(19.67%);流通率:近三年发表(或未发表)的文献资料(19.67%)。通过分析得知两个原因:一是这两个服务项目之所以在"不知道"选项里高达19.67%,可能与设计问卷时候没有考虑到调查对象对题项的理解力问题,可能多数人不理解什么是"灰色文献"和"流通率"。从而也就影响了在做问卷时候的判断。前面已经对"灰色文献"和"流通率"进行说明解释,所以这里不再复述。二是调查对象并不知道这两个服务项目是否应该进一步发展或明白其性质是否重要。

总之,这同时也说明当前学术机构知识库在以上服务项目方面是存在不足的,从而也影响了用户使用学术机构知识库的积极性。因为用户是学术机构知识库知识内容传播和接收的中介,所以学术机构知识库用户的多少也直接影响其可持续发展,进而总结以上所列的服务项目同时也是影响学术机构知识库可持续发展的重要因素。

(3)对调查对象基本情况的分析。

首先,分析针对学术机构知识库管理者或建设者问卷的调查对象具体情况,本研究把选项为零的选项剔除掉,具体情况见图4.8。

从图4.8中可以看出在性别一栏,男性占53.06%,女性占46.93%;在学历一项里最高的是硕士研究生学历,占71.42%,其次是大学本科占14.28%、博士占10.20%。这就能看出调查对象的性别差别不大,学术机构知识库的管理者或建设者多为高学历,甚至还有博士,学历越高其开放获取意识也越高,这对学术机构知识库的发展是有利的。在职位选项里超过50%的是学术机构知识库管理者,占

57.14%,其次是学术机构知识库建设者、参与者和其他。

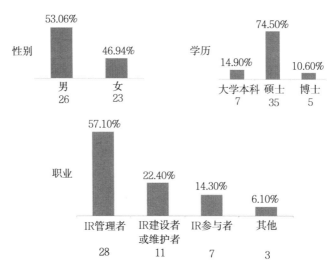

**图4.8  学术机构知识库调查对象管理者的基本情况**

其次,分析针对学术机构知识库用户或提交者问卷的调查对象具体情况,方法同上,学术机构知识库调查对象用户的基本情况统计见图4.9。

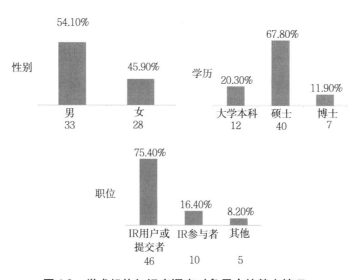

**图4.9  学术机构知识库调查对象用户的基本情况**

在图4.9中调查对象用户的基本情况和管理者的基本情况相类似,首先性别差别不是很大,男性占54.10%,女性占45.90%;而在学历方面,调查对象普遍学历高,硕士研究生占67.80%,其次是大学本科占20.30%、博士占11.90%。职位方面,学术机构知识库用户和提交者占75.40%、参与者占16.40%、其他占8.20%。

## 4.2.3 调查数据分析结论

首先,通过对"学术机构知识库可持续发展影响因素调研"的问卷调查进行系统的分析显示:针对管理者或建设者调查问卷中的因素和针对用户调查问卷中的因素总体上都呈高度的一致性。对管理者和建设者问卷分析结果显示,本研究各种题型中所列的影响因素多为"很重要"和"重要",占比在69.38%和51.02%之间。在"一般"选项里最高的只有一个是61.22%,但是把"很重要"和"重要"相加和排序后作为"重要"结果,其又高达91.83%。在"不重要"选项里最高的只占4.08%,这说明本研究对IR管理者或建设者的调查问卷中所列影响因素都是重要的,所列因素都具有一定的代表性和概括性。

其次,针对用户调查问卷的分析表明:用户使用学术机构知识库的原因和期望未来发展的服务项目都更加倾向于注重学术机构知识库的内容质量、开放获取度、内容知识产权和提高自身学术影响力上面,排在后面的选项则多是外界因素强制其利用学术机构知识库,这同时也进一步验证了针对管理者或建设者的调查问卷中"开放获取意识"具有高重要性的分析结果。而在对用户期望学术机构知识库应发展的服务项目问卷中,用户对学术机构知识库的内容更加注重。

最后,本研究调研的两份问卷从整体上看,调查对象认为参与者的开放获取意识、用户和内容、管理和政策、项目系统和网络、前期构建筹划、服务和监督运行、反馈的重要程度是依次递减的,但总体上都是不可或缺的。这说明本问卷设计较全面、合理,所列因素具有一定的概括性和代表性,全面反映了学术机构知识库可持续发展影响因素。

## 4.2.4 假设验证与模型修正

### 4.2.4.1 假设验证

通过以上讨论和分析,本研究假设的验证情况如表4.7所示。

**表4.7 研究假设检验结果**

| 标号 | 研究假设 | 结果 |
|------|---------|------|
| $A_1$ | 学术机构知识库参与者的开放获取意识对学术机构知识库可持续发展有重要影响 | 成立 |
| $A_2$ | 学术机构知识库的前期构建筹划对学术机构知识库可持续发展有重要影响 | 成立 |
| $A_3$ | 学术机构知识库系统和网络对学术机构知识库的可持续发展有重要影响 | 成立 |
| $A_4$ | 学术机构知识库内容对学术机构知识库的可持续发展有重要影响 | 成立 |
| $A_5$ | 学术机构知识库管理和政策对学术机构知识库可持续发展有重要影响 | 成立 |
| $A_6$ | 学术机构知识库用户或提交者对学术机构知识库可持续发展有重要影响 | 成立 |
| $A_7$ | 学术机构知识库运行过程中的服务改进和监督对学术机构知识库可持续发展有重要影响 | 成立 |
| $A_8$ | 学术机构知识库运行过程反馈对学术机构知识库可持续发展有重要影响 | 成立 |

由此可知,本研究的各项假设均在实证研究中得到证实,问卷调查中所列因素都对学术机构知识库可持续发展有重要影响。

### 4.2.4.2 模型修正

学术机构知识库可持续发展影响因素模型是按照其所有因素都对学术机构可持续发展有重要影响所构建的,本研究经过对调研数据进行分析,根据研究结果修正的模型如图4.10所示。

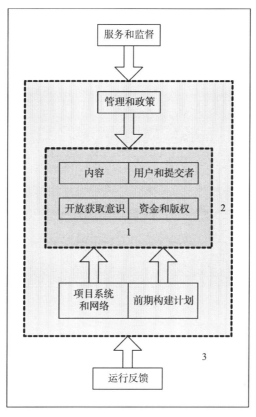

图4.10　学术机构知识库可持续发展影响因素模型

　　图4.10整体是一个学术机构知识库,图中是按照各个影响因素对学术机构知识库可持续发展影响的重要程度不同而构建的模型。在其内部最核心部分也就是着色最深的部分是影响学术机构知识库可持续发展最为重要的因素,分别是内容、用户和提交者、开放获取意识、资金与版权。其中"资金和版权"应归纳为"前期构建计划"和"管理和政策"中的因素,但是由于我国现状和在问卷中"资金和版权"的选项百分数较高,所以本研究将其归为第一层。第二层是保障学术机构知识库可持续成功运行的重要影响因素,分别是管理和政策、项目系统和网络、前期构建计划。最后,第三层不能说不重要,因为这两个影响因素在整体上保障学术机构知识库可持续发展,分别是运行反馈、服务和监督。尽管上述所有影响因素对学术机构知识库有轻重之分,但也是相对比较而言的。总之,本研究问卷中所列的所有影响因素都对学术机构知识库可持续发展有重要影响。

# 第五章 基于学术机构知识库生命周期的成本分析

成本效益分析作为一种决策方法,将经济学中的成本费用分析法运用于管理部门的计划决策之中,以寻求如何以最小的成本获得最大的收益。[1]机构知识库建设与可持续发展的成本效益分析试图对可选择的行动过程将获得的各类利益和计划付出的成本进行测定,并将成本和利益结合起来加以合理的分析,特别是发现和比较那些需要加以考虑的因素,然后在供选择的机构知识库相关政策与支持项目之间进行抉择。因此,在本章对学术机构知识库发展的成本分析时,考虑可测量的经济因素和不可测量的非经济因素,不可度量的非经济因素需要通过一定的方法转化成可以度量的因素。

## 5.1 学术机构知识库成本的定义

成本是人类为实现一定的目标所付出的价值代价。美国会计学会(American Accounting Association, AAA)所属成本概念与标准委员会认为:"成本是为达到特定目的而发生或应发生的价值牺牲,它可用货币单位加以衡量。"成本的核心内容是价值,价值是构成成本的最基本要素。价值性、目的性和可度量性是成本的三大内在属性。价值性指成本为了实现特定的目的而付出的或将要付出的价值牺牲。这种价值牺牲可以表现为现金支出,也可以是物资、劳动、时间以及从外部提供的劳务的消耗。现代成本理论认为,随着信息技术和网络经济迅速全面发展,知识和信息成本正日益成为现代成本内涵的重要构成要素之一。目的性指为达成某种目的,获得某种利益而支出的价值。可度量性指成本的消耗可以用货币交易衡量,在本研究中,为了更好地理解学术机构知识库建设与可持续发展过程中的成本投入,可度量性泛指成本的消耗可以用货币或者时间等可以度量单位度量的投入。也即,机构知识库的成本指学术机构知识库的建设、维护和可持续发展过程中所投入和消耗的可以用货币计量和不能用货币计量的投入的总和。

## 5.2 学术机构知识库生命周期

学术机构知识库的生命周期指学术机构知识库存在的全过程,即从开始规划到停止运行的各个过程的总和,具体包括规划阶段、开发阶段、部署阶段、运行和维护阶段、停止运行期,如图5.1所示。其中,为了提升学术机构知识库的服务效益,随着机构知识库软件的升级以及用户和管理者对系统功能的要求不断提高,可能会对机构知识库进行二次开发和部署。因此学术机构知识库生命周期不是一个简单线性的过程,中间可能出现多次开发和功能提升的过程,同时需要对硬件进行新的部署。这均会增加学术机构知识库的成本。

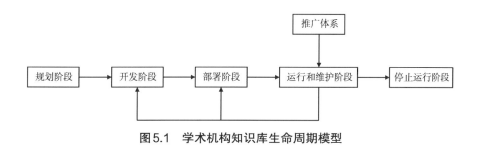

**图5.1 学术机构知识库生命周期模型**

### 5.2.1 学术机构知识库的规划阶段

学术机构知识库规划阶段主要进行机构知识库的建设需求分析,明确建设的总体目标和技术路线,根据机构需求调查,规划机构知识库的系统架构和功能模块,确定采用技术架构。从经济、法律、技术等多个方面进行可行性论证,生成机构知识库建设可行性分析报告,对机构知识库建设进度和人员分工做出安排。根据具体的需求,可以建设单个或者多个机构知识库。

下面以中国科学院机构知识库为例介绍其学术机构知识库规划设计的需求分析、总体目标等内容。[2]

(1)中国科学院(简称中科院)联合机构知识库的建设需求。中科院是国家在科学技术方面的最高学术机构和全国自然科学与高新技术的综合研究与发展中心。随着科研环境和学术交流方式的变化,中科院正在逐步构建数字知识环境,而机构知识资产管理无疑成为其重要的有机组成部分。中科院联合机构知识库的建设正迎合了这种需求。随着学术成果的数字化,中科院各研究所的科研产出有着不同程度的流失。除常规文献逐步数字化外,教学课件、总结报告等也均以电子形式呈现,而自我小规模存储缺少安全机制、无法长期保存、浪费科研人员的时间且收藏存在无序性和不完整性,不利于科研人员个人知识管理。由于科研环境和方式的改变,越来越多的科研人员倾向于阅览电子文本,机构产出数字化迫在眉睫。

(2)中科院联合机构知识库的建设目标。中科院联合机构知识库建设是中科院文献情报中心在中科院范围内发起的,2007年即开始筹划在中国科学院范围内开展研究所机构知识库的建设。中科院文献情报中心负责中科院机构知识库(Institutional Repository,Chinese Academy Science,CAS-IR)系统开发,而后逐步在中科院研究所中进行建设推广,最终在研究所 CAS-IR 建设的基础上,通过元数据开放聚合建立起中科院联合的 IR 网格服务系统,形成中科院知识成果和知识能力集中展示、传播利用和服务的窗口,借此促进中科院知识成果的共享和交换。

(3)中科院机构知识库技术框架。科学院提出了构建中国科学院机构知识库网格(Chinese Academy of Sciences Institutional Repositories Grid,CAS IR Grid)的建设框架:在全院各研究所开展 IR 的推广建设,形成 IR Grid 的节点系统;在研究所IR建设基础上,通过元数据自动采集技术,建立全院集成的机构知识成果检索服务,集中揭示和传播全院知识产出的集成服务平台。中科院机构知识库网格总体框架见图5.2。接口层、聚合/服务层、内容层三层结构组成了中科院机构知识库网格。自底向上的建设模式意味着在中科院各个研究所的建设推广成为联合机构知识库建设的核心部分。机构知识库推广的范围和各研究所的建设成效决定着中科院联合机构知识库的最终效果。

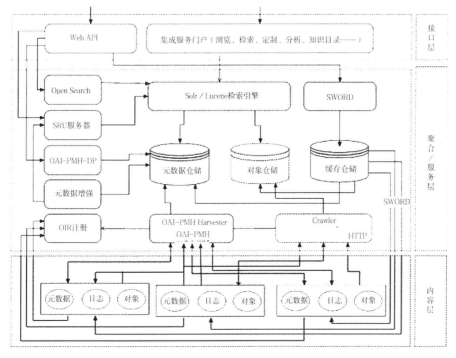

**图5.2 中科院机构知识库网格技术框架**

资料来源：http://www.nlc.gov.cn/newgjgx/wxgxhyzxdt/201211/W020130107498795913603.pdf.

## 5.2.2 学术机构知识库的开发阶段

学术机构知识库的开发包括学术机构知识库建设软件的选择、数字资源的组织、具体系统的开发三个方面的内容。机构知识库的软件可以由建设单位自己开发，也可以采用现有的开源软件，目前140种软件中仅有少部分是学术机构自己开发的。各个学术机构根据具体的需求可以自由决定选择自行开发，还是采用现成软件，也可以在现有开源软件基础上进行二次开发。学术机构知识库开发的框架如图5.3所示。

图5.3　学术机构知识库开发框架图

### 5.2.2.1　学术机构软件选择与开发

学术机构知识库软件选择包括现有软件选择、现有软件二次开发和新开发软件三种方式,具体采用哪种方式则要考虑成本、技术实力、建设周期、品牌、安全性、可扩展性、管理等多方面的因素。

中科院机构知识库于2010年3月推出 CAS OpenIR 1.0(基础服务版)和 CAS IR Grid 1.0(基础服务版);2011年5月推出 CAS OpenIR 2.0(改进版)和 CAS IR Grid 2.0(改进版),均基于 DSpace 1.4进行了深度扩展。

康奈尔大学选择 Digital Commons 平台之前,曾经进行了多次讨论和协商。当时有多种选择,一种是考虑到为节约资金采用免费开源软件;另一种考虑是为满足工业与劳工关系学院和 Catherwood 图书馆具体的需求即开发一个学术机构知识库平台,因为当时 Catherwood 图书馆具有开发实力。当项目正式开始运作,项目经理上任后,学术机构知识库技术平台的发展发生了很大的变化,学术机构知识库平台有了更多的选择。由于资金和人员的限制,不得不放弃为工业与劳工关系学院定制系统的想法。当时康奈尔大学已经自愿参加促进 DSpace 平台在多数研究型大学应用的梅隆(Mellon)基金项目,而且采用 DSpace 平台的资金条件也允许。经过与工业与劳工关系学院网络团队成员的多次合作研究,最终与 Proquest/bepress 签订了合同,决定采用2004年12月发布的 Digital Commons 平台。考虑到康奈尔大学可以采用 DSpace 平台,当决定采用 Digital Commons 平台时考虑了多个因素,包括:Digital Commons 马上就能使用,能够提供查询培训,加快建设的速度;能够使网站的品牌建设与工业与劳工关系学院的品牌相匹配,品牌的支持可以提高工作人员和其他合作者的参与度;加利福尼亚大学和其他采用 Digital Commons 的学术机构运行效果不错;支持与 OAI 兼容的元数据,允许受控词表选择列表;提供多个备份和安全协议;允许网上爬行(crawling);提供有价值的统计数据,包括知识对象摘要和全文的点击率,参考页面的统计数据;不需占用本地服务器空间,可以在站点外保存数据;合同要求为工业与劳工关系学院的学术机构知识库建设提供全面的技术支持。[3]

技术原因包括具体的条目(如word文档自动转化成pdf格式)和全面的技术支持(包括可以利用Proquest的市场营销和商业资源)。Proquest/Bepress工作人员能够及时响应Catherwood提出的技术改进意见,并为Digital Commons的用户建立了一个用户在线论坛来共享与Digital Commons有关的问题及建议。Digital Commons为Catherwood提供利用Proquest数据进行如"自动组群"的学术机构知识库工具beta版的测试,Catherwood已经从开发的搜索引擎中受益如"ResearchNow",该搜索引擎包括Proquest/Bepress主办的所有学术机构知识库中的同行评议期刊和其他内容。Catherwood采用Digital Commons,在组织方面主要考虑到在最大程度上满足不同的合作者在管理和个性化方面对学术机构知识库灵活性的需求。目前这方面的需求越来越受到学术机构知识库建设者的重视。

### 5.2.2.2 知识对象的组织模式设计与开发

机构知识库开发不仅包括设计机构知识库数字资源的组织,而且包括对非数字资源的组织,包括对非数字对象的数字化,数字对象的采集、加工、保存、元数据的形成与维护模式等。为了能够加快机构知识库的构建,往往在机构知识库开发阶段并行进行数字化和非数字化数字对象的组织工作。

对已有数字知识对象的组织采用分层结构,即知识对象的组织形成数据空间,这些对象自顶向下分别为:社区、合集、条目、数据包、比特流和比特流格式。其中"社区"对象可以拥有"子社区"对象,因此可以方便地用于构建分级式的应用系统,它们的关系如图5.4所示。图5.4中,"0..*"指"多个"的意思。"社区"对象是DSpace的最顶层对象,"社区"属性包括Handle(CNRI提供的全球唯一的永久统一标识符)、名称(社区的名称)、描述(对社区的简单描述)、Logo(社区的图标)、出处(community的出处)。"社区"包含0~n个"子社区"。一个"子社区"属于0~1个"社区"。

"合集"对象是"社区"的下一级对象,一个"社区"包含0~n个"合集",但是一个"合集"只能从属于一个"社区"。"合集"属性包括Handle(CNRI提供的全球唯一的永久统一标识符)、"合集名称""合集的描述""合集的图标"(logo)、"工作流"(work-

flow)、"提交许可证"(submission license)、"合集的出处"(provenance)、"条目模板"
(item template)。

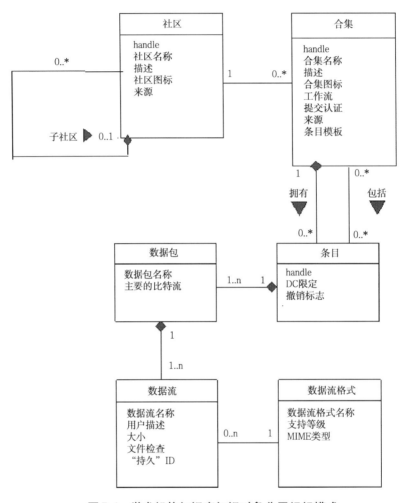

**图5.4 学术机构知识库知识对象分层组织模式**

"合集"由"条目"组成,条目是基本文档单元。每个条目只能被一个合集拥有,
一个合集可以拥有多个条目,但可以在多个"合集"中出现。一个"条目"由一组DC
元数据和数字文件组成,其中数字文件以"数据包"(bundle)对象的形式存储。"条
目"的属性包括handle(CNRI提供的全球唯一的永久统一标识符)、"条目元数据

Dublin core"(在 DSpace 中的元数据标准,使用 DC 标准)、撤销标志(withdraw flag)。

"数据包"对象是数据束,从属于"条目",是"条目"包含的所有数字文件的集合。"数据包"由数据流(bit stream)构成,它的属性有"名称"(name)、"主字节流"(primary bit stream)。一个条目可以包括多个数据包,一个数据包只能属于一个条目。

"数据流"是 DSpace 中不可划分的、最小的描述单位。数据流就是通常的计算机文件,如 pdf 文档、avi 视频文件等。它的属性有"名称"(name)、"用户的描述"(user description)、"大小"(size)、"文件检查"(checksum)、"持久 ID"(persistent ID)。一个数据包括多个数据流,一个数据流仅属于一个数据包。

每一个数据流都对应一种数据流格式(bitsteam format)。一个数字流格式是用来指向一种特定文件格式的唯一标识,提供如何显式或隐式解释该格式文件的方法。它的属性有 name(名称)、support level(支持等级)、MIME type(文件类型)。一个数据流只能采用一种数据流格式,一个数据流格式可以应用于多个数据流。

### 5.2.2.3　知识对象提交模块开发

知识对象提交模块是学术机构工作人员或其委托人向学术机构知识库提交知识对象的功能模块。只有经过系统认证的工作人员才能操作知识对象提交模块。可以通过 Web 方式提交知识对象,包括知识对象的基本元数据信息和知识对象的内容信息。其主要完成知识对象的格式转化,知识对象的批量上传,非数字化知识对象的数字化,知识对象分类推荐,为用户提供元数据描述、管理、维护工具的使用的建议。在具体的提交过程中,需要输入知识对象相关描述信息,输入的信息越多,输入出错的概率越大,特别是批量输入描述信息时,为了避免提交人误操作输入错误的知识对象描述信息,系统要提供辅助输入功能。以发表在学术期刊上的学术论文的提交为例,当以作者的身份登录系统后,论文描述的"创建者(creator)"和作者所在的"部门"的值自动读取系统中记录的作者相关信息写入作者的"姓名"和"部门"信息,并允许作者修改和添加其他相关责任者和作者的姓名。当输入发表论文的"期刊信息"时,作者可以输入期刊名称的首字母缩写,系统自动给出匹配的期刊名称,供作者选择,同时期刊的相关信息也从数据库中读出并自动添加到相关字段中。

#### 5.2.2.4 知识对象的存取模块开发

知识对象的存取模块支持包括文本、图像、音频、视频在内的各种类型知识对象的存储,支持如预印本、工作论文、技术报告、会议论文、图书、学位论文、数据集、计算机程序、可视化仿真环境和模型等任意形式的数字资源的保存。可以处理知识对象的多个版本、知识对象版本之间的映射。采用 XML 方式或成熟的数据库来存储元数据,提供可靠的备份机制和灾难性恢复机制,能通过移植、镜像、恢复介质或其他方式支持长期保存。

#### 5.2.2.5 外部知识集成模块开发

外部集成模块主要是为了实现学术机构知识库与学术机构现有的系统和学术机构外的资源如博客、其他开放获取库的集成和无缝连接。可以通过接口使用原有系统发布 TDL 的数字资源,并且还根据仓储资源建立了 VUE(visual understanding environment)。在与外部系统和环境的集成方面,利用标准协议来实现学术机构知识库知识对象的开放服务,如 DSpace 支持 SFX 的 OpenURL 协议,利用 DC 元数据自动在每个 Item 页显示一个 OpenURL 链接。另外,利用 Web Services 技术来实现服务层次上的资源共享与互操作,也是近年来 IR 的一个重要发展趋势。Web Services 具有完好的封装性、松散耦合、高度可集成性等优点,为实现 IR 与其他系统的集成提供了新的平台,如 Fedaro 框架可以通过 SOAP 来实现 Web Services 服务的互操作。

#### 5.2.2.6 内容管理模块开发

内容管理模块对用户或者工作人员提交的知识对象,需要进行审核,内容管理采用工作流的方式进行审核和发布,包括批准、退回、退修、发布等工作流程,提供灵活的、多步骤的基于角色的工作流机制,允许机构根据具体需求定制各种工作流。对知识对象采用元数据来描述,可以处理多媒体对象、复合文档、试验数据、学习课件等复杂知识对象的描述问题,支持 DC、METS、MPEG-21 DIDL❶、

---

❶ MPEG-21 的目标是描述异构的元素如何组合在一起,将为不同的用户定义一个多媒体开放框架,能够通过网络和设备传递使用多媒体资源。它提供了异构元素的描述语言和标准。MPEG-21 第二部分 Digital Item Declaration 提供了专门的描述结构和数字条目的置标机制。MPEG-21 DIDM(digital item declaration model)目标是描述一系列抽象的术语和内容,为定义数字条目提供一个有用的模型。在这种模型下,一个数字条目(digital item)是一个资产的数字化表达,并且作为一个单元在模型下被管理、描述、交换和汇集。

IMS[注]等多种格式和标准。对于符合一定格式要求的数字资源,实现元数据的自动生成和创建,以便在一定程度上简化用户和管理员的操作。对于每一个知识对象,学术机构知识库将按照规则为其赋予一个全球唯一的标识符。利用知识地图导航学术机构的知识分布,当学术机构知识库的内容处于动态变化过程中,当添加或者修改知识对象时,需要对知识地图进行维护,把学术机构知识库的变化在知识地图上反映出来。此外还要对学术机构知识库中的知识对象进行内容更新和有效期管理,当学术机构知识库中的知识对象如各部门、研究中心的时事通讯和公告等成了失效信息,可以根据具体情况确定某些知识内容的有效期,现有的学术机构知识库系统都具有提示功能,到期后系统会自动发送过期提示,否则这些失效信息存放在学术机构知识库内不仅影响系统运行效率,甚至会给学术机构知识库带来不必要的负面影响。

### 5.2.2.7 系统管理模块

系统管理模块主要完成对学术机构知识库知识对象作者用户的管理、知识对象和用户的权限管理、系统运行日志管理、工作流管理、安全管理。系统管理模块要预先设定能够提交知识对象到学术机构知识库的人员为研究机构的工作人员、管理人员、研究生、学术机构知识库的系统管理员。这是作者用户提交认证管理。其可提供用户管理和权限管理(如提交、查看、编辑、发布、保密等),支持多种用户认证方式(如用户名/密码、IP控制、x.509、LDAP 等),提供特定知识对象的限定性访问,能产生各种统计报表,提供访问日志和历史信息。

用户管理目前出现的一个问题,是学术机构的工作人员在"知识交互平台"上与志同道合的人员进行交互的时候往往不留自己的真名,而是以"笔名""昵称"等方式表示自己,如果不解决这个问题,则会出现同一个作者的知识对象不能在同一个作者名下聚类的情况。系统管理模块的用户管理功能需要具有用户个性化姓名的功能,也即用户可以设置多个"显示姓名",在系统数据库中具有对应于真实姓名的唯一标识符,多个"显示姓名"与唯一标识符关联。这样就可以解决即使一些知

---

❶ IMS标准是为了推动网络环境下的分布学习活动的开展,积极制定并推广开放规范,其主要宗旨和目标是:制定分布学习环境下应用于服务互操作的技术规范;使分布式学习环境和来自不同作者的内容协同使用,实现互操作。

识对象"显示姓名"不同,在按照姓名聚类知识对象时,避免因创作者显示的姓名不同造成的知识对象聚类不全的状况。

### 5.2.2.8　知识对象浏览模块

知识对象浏览模块的功能基于知识地图和知识组织的层次化模型。其提供按照学术机构的作者姓名、部门、专业、知识对象题名的字母顺序或者类别浏览功能。还可以按照时间的顺序浏览,按照时间浏览时,对于某个时间段的知识对象用户可以对所有命中知识对象按照类型、作者或者主题聚类显示。还可以根据知识对象之间的关系链接来浏览,可以按照知识对象的被引次数、下载排名、作者的被引次数、评价高低的排序来浏览,可以对某一个研究主题或者研究者的知识网络进行聚类浏览。

图5.5是按照作者姓名浏览的系统处理流程图。当用户选择以作者姓名的字母顺序浏览学术机构知识库时,系统处理流程读取学术机构知识库的数据库中作者姓名索引信息,然后把信息按照姓名的首字母的顺序把相应的记录显示在浏览器界面上,每条记录显示的信息包括:姓名、作者所在学术机构的部门、提交知识对象的数量。接下来,当用户单击某个作者的姓名时,显示匹配的结果,包括作者、知识对象的创建日期、标题、出版物等信息。用户可以选择在线阅读或下载阅读。同时用户可以选择是否进行定制服务,也即当有同一作者有新的知识对象提交,或者现有知识对象修改时,为用户发送提示信息。如果用户选择定制,则需要用户输入自己的用户名和密码,系统自动与用户管理系统中的相关信息匹配,如果正确,则把相应的定制信息记录到用户兴趣模型中。

当按部门、专业浏览知识对象时,将列出学术机构所有的部门名称,并在每个部门下列出该部门的专业研究方向,当用户选择某个研究方向时,用户有两种选择,一种是对该研究方向的知识对象按照类型和时间顺序浏览,另一种方式是进行检索,从而获取自己感兴趣的知识对象。

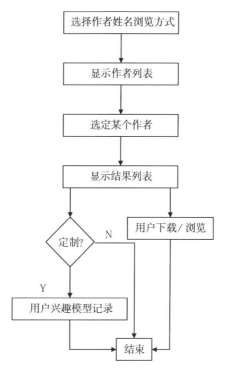

**图 5.5 按作者姓名浏览的系统流程图**

### 5.2.2.9 知识对象检索模块开发

学术机构知识库的检索模块提供简单、复杂检索功能,用户可以通过 Web 方式进行各种方式的检索和查询。图 5.6 为学术机构知识库知识对象检索模块功能图。

简单检索是为用户提供"检索词"检索的方式。复杂检索要为用户提供多种检索入口。在学术机构知识库的知识组织模式基础上,当用户使用简单检索方式时,用户可以输入至少一个检索词,并确定检索词逻辑匹配的原则,是全部检索词按逻辑"与"还是逻辑"或"检索,也即确定检索词与检索知识对象匹配时,按照多个检索词同时匹配还是至少一个检索词匹配。简单检索结果目录提交给用户时的顺序可以由用户指定,排序可选择按照作者、题名、时间,并可按照下载排名排序。

当用户选择复杂检索的时候,用户可以选择的检索入口有 15 种,如图 5.6 复杂检索的子节点。

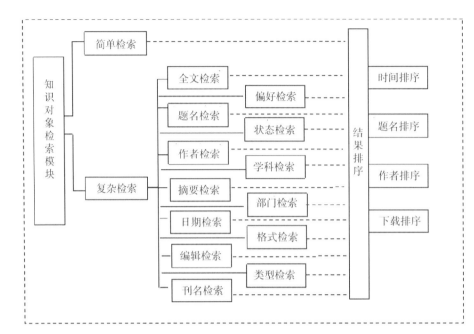

**图5.6　知识对象检索模块功能图**

　　"全文检索"主要提供检索文本的知识对象的全文检索。题名检索提供对知识对象的题名的检索,知识对象的题名由提交者录入或者由知识采集子系统采集获得,在数据层的关系数据库中的字段名是"知识对象名"。在此之所以选择"题名"为用户的检索入口是为了符合学术机构工作人员的习惯。

　　作者检索、摘要检索、部门检索、编辑检索、刊名检索入口提供与知识对象描述有关的创作者、知识对象的摘要、所属部门、编辑的姓名、发表所在期刊或杂志的名称对应的检索。日期检索可以选择某个时间段生成的知识对象,时间的粒度根据具体的应用可以细化。当系统管理员或者学术机构工作人员对自己的知识对象进行维护检索的时候,可以提供深度的关于时间的检索,包括创建日期、生效日期、可获得日期、发布日期、修改日期、版权发布日期、系统受理日期、获取日期。

　　学科检索的学科结构根据"国家学科大类结构"与"学术机构或者学术机构联盟自身的学科结构体系"结合的基础上制定出来,"学术机构知识库的层次知识组织模式"中的"community"设在其下。检索要为用户提供高于院系设置的学科检索选择,是为了避免一些学术机构的院系专业设置不规范的情况下,检索确定学科的资源查准率的问题。类型检索主要是对知识对象的检索,知识的类型指知识对象的存在形式,比如文章、图书、论文、专利、数据集、经验总结、教学资源等。这根据学术机构知识对象的具体类型设定。

状态检索主要对知识对象的存在状态进行检索。知识对象的存在状态包括但不限于:已出版、正在出版、提交、没有出版四种。格式检索主要是对知识对象的格式检索,可以选择多种格式进行检索。知识对象的格式包括但不限于:html、pdf、postscript、plain text、word、excel、jpg、gif、mpeg、mp3、xml、zip。

其中全文检索、题名检索、摘要检索、作者检索、部门检索、编辑检索可以输入多个检索词,这些检索词的逻辑关系用户可以选择逻辑"或""非"。

偏好检索允许对特定知识对象或文档的访问控制,允许有权限的用户直接下载知识对象的内容信息。检索结果以访问者选择的顺序进行排序,可以按照作者、题名、时间的顺序或者倒序来排序,也可按照下载排名来排序。

对于学术机构知识库没有收录的具有版权限制的机构知识对象,检索应当自动支持 OAI-PMH 协议,提供元数据的采集(harvesting)和联合检索(federated searching)进行跨系统的检索,并把检索结果提供给用户,并注明来源出处、版权情况。

### 5.2.2.10　个性化服务模块开发

个性化服务基于用户兴趣模型来实现对学术机构工作人员知识的跟踪和推送服务。个性化服务模块主要为学术机构工作人员提供满足其需求的个性化服务定制,包括:"我的收藏";为已注册用户提供个性化服务,包括用户个人信息的修改(如邮件地址更改、用户口令的更改);感兴趣期刊的收藏管理;感兴趣论文的收藏;"订阅服务"含邮件订阅与 RSS 阅读,订阅与提示,包括 Email 方式和 RSS 方式;最新科研论文的提交和发布;工作区;专家评论;查看已提交的文章;个性化服务还包括为工作人员提供相关专业的论坛和博客服务。个性化服务需要学术机构的工作人员登录系统后才够定制。

## 5.2.3　学术机构知识库的部署阶段

学术机构知识库部署涉及具体实施部门,主要是对机构知识库服务器的硬件部署,服务器主机软件配置,机构知识库系统安装与调试等相关工作。

2008年起,由中国科学院国家科学图书馆部署,启动了中国科学院机构知识库网格建设计划。该计划由兰州分馆信息系统部团队承担总体框架及系统平台的研发和应用,国家科学图书馆学科馆员团队负责面向研究所的宣传推广服务,研究所图书馆及相关团队具体承建所属研究所机构知识库。经过5年多的发展,中国科学院目前已有100多家研究所建立了所级机构知识库系统,并在此基础上,建立了全院机构知识库集成服务网络平台,覆盖全部开放服务的研究所机构知识库,提供全院科研成果的一站式检索和发现服务,目前已经累计采集和保存各类科研成果22万余份,其中可开放获取全文成果达到70%以上,成为国内最大规模机构知识库群和最有影响机构知识库网络。[4]

### 5.2.4 学术机构知识库的运行和维护阶段

学术机构知识库开发并完成系统部署之后,进入运行与维护阶段。该阶段主要涉及知识对象的采集、保存、元数据操作、检索、访问、存储、推广等。

#### 5.2.4.1 数字对象采集

机构知识库数字对象采集来源包括知识对象所有者即学术机构成员的工作科研过程中产生的研究成果。采集包括提交、采集两种方式。对于新产生的知识对象以所有者提交为主,对于已经存在于学术机构的科技期刊数据库、电子图书馆系统、科研管理系统、学位论文管理系统、档案馆管理系统等则在版权框架下,可以采取采集的方式纳入机构知识库的管理系统。

(1)知识对象所有者提交。

提交的知识对象是学术机构知识库知识资源的主要组成部分。为了督促知识所有者能够更主动、更全面地提交知识对象,学术机构首先要对学术机构知识库的实施背景、目标、收益等进行宣传,让学术机构知识库的工作人员了解提交创造的知识到学术机构知识库可以提升个人及机构在专业领域内的可见度与声誉,可以方便与同行之间的学术交流,可以确立优先发现权。其次,借助学术机构宏观管理部门的支持,要求学术机构各部门将其已有的、具有学术交流价值的、便于转化为数字化类型的学术成果或资料进行整理后提交到学术机构知识库。在对已有资料进行数字转换的过程中,还要求各部门同时要确保对正在生产的学术成果的管理与提交。再次,当学术机构工作人员参加学术会议时,学术机构知识库要把相应的会议资料保存到学术机构知识库中,如果学校主办学术会议,需要把学术会议上与会人员的发言、学术会议论文等资料整理保存。最后,学术机构要通过一定的激励手段鼓励工作人员进行自存档,主动将其学术论文、专利、科研数据、实验记录、教学资料等相关的学术性资料提交给机构知识库。

当学术机构工作人员向学术机构知识库提交知识对象时,需要具有学术机构知识库授权的用户名和密码。知识对象上传者要对知识对象进行必要的形式描述,包括知识对象的文件格式、题名、是否已经出版、是否由几个不同的文件组成、作者、标识(适用已经出版、公开放行的论文或者著作、报告等,如书号、期刊号)、文件的类属(上面列出的知识对象中的某一种)、语种、关键词(可以有多个)、文摘、赞助者/基金(适用获得科研的项目及科研项目衍生的论文)、知识对象内容的简单描述。知识对象提交者对知识对象的这些描述具有重要的作用。因为只有知识创造者,才能较好地理解知识对象的价值和内容及形式特征,其对知识对象的描述,将是进行进一步知识对象揭示和组织的基础。如果描述不恰当或者不正确,将会对整个知识库的质量造成影响。因此要对知识对象提交过程进行严格的质量控制。

(2)从学术机构其他系统整合。

许多学术机构都建有自己的数字图书馆,拥有自己的特色数字馆藏。有的学术机构还为一些学科构建了学科机构库。对于具有学位授予权力的学术机构,每年都有大量的毕业生提交的电子版的学位论文,这些知识对象对于没有构建学术机构知识库的学术机构而言都是独立于学术机构知识库的,可以作为学术机构的重要知识对象来源。再就是学术机构工作人员的个人网站、博客、微博保存了学术机构的一些知识,这些都可以作为学术机构知识库的知识来源。

可以看出,学术机构知识库的知识对象,不仅可以通过学术机构工作人员自己提交,而且需要从其他系统整合的知识对象,主要包括已经公开发表,并被学术期刊系统收录的知识对象,已经被电子书库收录的书稿、存储到教学管理系统的课程知识对象,已经存储到科研管理系统的知识对象,已经发表在博客的有价值知识,被学术机构学位论文数据库收录的学位论文,或者在专用电脑上备份的学位论文或者其他知识对象。这些知识对象的最大的特点是知识创造者由于种种原因,没有这些知识的电子格式的备份,需要从其他系统中整合过来。由于公开出版发行的知识对象质量相对较高,已经有基本的知识对象描述性和管理性元数据进行知识的组织。当这部分知识对象在数量比较大的情况下,可以进行批处理,从而减轻学术机构工作人员的负担,缩短知识上传的步骤。

### 5.2.4.2 数字对象保存

数字对象被采集后需要经过审核人员进行审核,然后存储到机构知识库中。存储之后并不是一劳永逸的,需要不断地为用户提供存取。如果没有一定的保存措施,这些数字资源在不远的将来就会面临载体老化或软硬件过时的问题,无法再为用户所利用。JISC的"复合机构知识库的权利与利益调查"显示,保存是调查对象将教学资源存放在机构知识库中的主要原因。当被调查者问到将资源放在机构知识库的原因时,"机构知识库能帮助管理和保存这些资源"占了很大的比例。在2007年开展的机构知识库激励模式的调研中,影响内容提交者提交数字对象决策的因素中,"备份的安全性(不会出现文件损坏或丢失)"被调研对象认为是最重要的影响因素。[5]

机构知识库知识对象的长久保存,不仅需要大容量存储等硬件设备的支持,更需要制订相应的政策,前期机构知识库设计与开发过程也要充分考虑这个因素。为了研究机构知识库的长久保存,国外启动以相应的项目支持,如预印本保存的需求和可行性研究、开放资源知识库的保存元数据的需求说明研究。[6]

### 5.2.4.3 数据操作

对机构知识库中的数字资源进行访问时,访问质量的高低取决于存储在机构知识库中的元数据记录质量。为了获取高质量的元数据,在机构研究人员提交科研成果后,需要机构知识库系统能够对元数据进行抽取和采集,生成元数据库。机构知识库对知识对象进行分类及标识,并通过元数据定义机构知识库资源的信息结构,以及资源库的组织结构,从而决定机构知识库的信息组织和利用方式,是实现跨资源库语义互操作的基础。元数据的定义及描述对于机构知识库的正常工作十分重要,不同的资源类型有不同的数据结构和描述方式,所以应该针对资源的不同特点抽象出不同的元数据。分别描述资源的主题和内容、描述资源对象的结构、描述资源对象的外部特征、描述资源对象长期保存的相关属性、描述资源站点的相关信息。

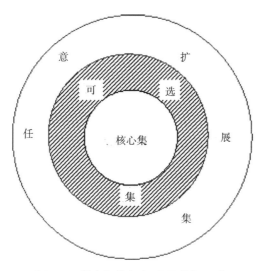

**图5.7 学术机构知识库元数据层次**

资料来源:李大玲.学术机构知识库构建模式研究[M].上海:上海交通大学出版社,2009.

学术机构知识库的元数据分为三层,分别是核心集、可选集和任意扩展集,如图5.7所示。核心集由知识对象描述必需的元数据元素组成,这些元素具有强制性和最大的通用性,一般来说对于每一个知识对象都是必要的。核心集外层是由可选元数据元素组成的可选集。可选集中的任何元数据元素对于元数据实例或者应用都是可选的,是核心集的扩展,由核心集元数据元素的修饰扩展及其他部分元素组成。用户在确定核心集以外的元数据元素时尽可能地选用可选集中的元数据元素,学术机构根据自身知识成果特殊性的需要所确定的核心元数据集。任意扩展集是处于本机构内或者机构联盟之间资源互操作的目的,对元数据元素进行的扩展。由于任意扩展集是学术机构在一定范围内扩展的,因此任意扩展集的互操作性很差,只有同一学术机构知识库知识对象之间才能达到互操作,但是任意扩展集的描述能力是最强的。学术机构知识库的元数据核心集、可选集、任意扩展集的元数据值从机构工作人员提交知识对象时录入的知识对象描述信息中进行抽取与采集,对于没有的值则为空。对于管理型元数据值的采集和抽取还需要机构知识库知识对象审核人员补充或者系统程序统一赋值。

## 5.2.5　学术机构知识库推广

学术机构知识库建设完成后,要充分发挥效用,则需要进行机构知识库的推广,为服务打好前站。学术机构知识库的推广涉及营销、用户心理学等多个方面的内容,对于高校图书馆、学术机构来讲如何做好机构知识库的推广工作是面临的一个重要课题。杨梅认为机构知识库的宣传推广应以服务对象的需求为导向,以资源和服务为内容,以营销策略为工具,向使用者进行宣传和推广,改变使用者使用机构知识库的行为和习惯。[7]

对于联盟的机构知识库推广包括"示范+参建"模式、自下而上的模式、单个机构知识库推广三种。

(1)"示范+参建"模式以CALIS为代表。针对当前中国大陆高校范围内机构知识库建设从认识理念、政策支持、技术平台、标准规范等各个方面都较为薄弱的现状,CALIS三期机构知识库建设及推广项目建立了"示范馆+参建馆(1+4)"机制,由5个在机构知识库建设,尤其是机构知识库平台开发方面卓有成效和成果的图书馆作为示范馆,协作开发机构知识库平台。系统平台开发完成后,配备完整规范的建设指南,提供给CALLS成员馆免费使用。同时,每个示范馆以地区或类型为坐标,召集4~5个参建馆形成建设小组,由示范馆向参建馆提供机构知识库建设所涉及的系统平台搭建的具体技术支持和其他方面的咨询,帮助参建馆建设本机构的机构知识库. 以期在短时间内尽可能扩大项目的影响,丰富项目的建设成果,促进高校机构知识库的发展。项目确定的5个示范馆为北京大学图书馆、北京理工大学图书馆、重庆大学图书馆、清华大学图书馆和厦门大学图书馆。实施过程中被证明是非常有效和成功的,5个示范馆按照分工进行基于DSpace平台的机构知识库软件开发。并在分别完成组件开发后,由北京大学图书馆负责进行组件整合和系统调试。最终目标是开发完成一套完整的基于DSpace的机构知识库系统平台。每个示范馆除了参加机构库系统平台的协同开发外,还负责带动和支持4个或者以上参建馆进行机构知识库建设,包括系统平台的安装应用以及机构知识库内容的建设等全部过程。[8]

（2）自下而上的推广模式以中科院联合机构知识库为代表。[9]中科院联合机构知识库的建设推广于2009年4月30日正式启动[10]，截至2015年12月已经有102个研究所建立机构知识库，10个研究所的机构知识库正在建设中。自下而上的推广模式决定了大范围建设推广的起点是每个相对独立的研究所。根据中科院信息服务的现有机制，学科馆员成为建设推广的连接口。在进行具体的研究所机构知识库建设推广过程中，采取自下而上的推广策略和自上而下的建设策略。在机构知识库推广过程中，学科馆员面对的第一个宣传对象是研究所图书馆员，由于他们对机构知识库及中科院联合机构知识库建设项目的了解程度不同，学科馆员需要将该项目的目的、意义、政策等向研究所图书馆员详述，并解答他们提出的相关问题。在对中科院联合机构知识库建设项目有了全面的把握之后，研究所图书馆员会向主管领导汇报建设意愿。主管领导结合研究所信息服务规划全面考虑机构知识库在研究所建设的可行性。最终，由主管领导向研究所主管所长提议建设研究所机构知识库的意向。

自下而上的推广策略，充分调动了研究所图书馆员的积极性。来自研究所领导层的支持决定对机构知识库建设的重视、投入、规划等。科技处、人教处、网络中心等相关部门的配合，中科院文献情报中心学科馆员、技术人员对IR建设的协助，都起到重要作用。研究所科研人员作为机构知识库内容的主要提交者，向他们进行宣传，鼓励他们踊跃参与建设是非常重要的，并且上缴机制等规范措施有利于机构知识库长期发展。学科馆员作为建设推广的连接口除了提供相关咨询外，还根据各个研究所不同的需求参与责任研究所机构知识库建设的各个环节，如平台建设、内容建设、政策机制建设等。

（3）单个机构知识库推广模式以康奈尔大学工业与劳工关系学院DigitalCommons@ILR和清华大学图书馆为代表。康奈尔大学工业与劳工关系学院的特点是专职人员负责，为机构知识库内容提交科研人员提供尽可能的帮助。为了更好地建设和推广机构知识库，在院长的授权下，成立了由图书馆馆员、教职工、临时职工、学院网络团队和图书馆的技术专家组成的委员会。成立委员会后，项目的实施进程一直比较缓慢。当聘用了全职网站和数字项目负责人来全权负责机构知识库的实施后，项目的推进才开始步入正轨。为了迎接向机构知识库提交知识内容的挑战,Catherwood图书馆约定,一旦某个科研人员表达了提交知识对象的兴趣,DigitalCommons@ILR的项目成员将尽可能地为提交知识内容到机构知识库提供帮助。这些帮助工作包括验证文档的合格性、寻找和检查版权许可、附带元数据向机构知识库提交知识对象。检查版权许可时采用现成工具如SHERPA's Romeo提高了工作效率。但是并不是所有的出版物都收录在SHERPA's Romeo的列表中,因此需要大量的时间与出版商进行沟通。一旦科研人员了解使用机构知识库不需要付出额外的精力和劳动,他们参与机构知识库的意愿将大大提升。当一个科研人员希望自己控制机构知识库中自己知识内容的管理权时,数字项目管理人员和网站人员将为科研人员提供相应的培训。在实践中发现,几乎没有科研人员表达这种意愿。因此,需要图书馆投入大量的人力资源来帮助科研人员把学术论文等知识对象提交到机构知识库中,由于康奈尔大学图书馆系统实行技术的统一服务,所以可以安排一些技术服务人员做机构知识库的技术维护,从而节约了这部分的成本。

清华大学图书馆则在吸引人员参与方面进行了有效尝试,弥补了康奈尔大学工业与劳工关系学院的不足。清华大学图书馆建成了以学者为中心的机构知识库ThuRID(Tsinghua University Researcher Identity)[11],依托校内海量文献资源和已收集整理的各院系学者的出版物,利用成熟的智能算法,自动甄别清华学者,为学者建立唯一ID,采用可视化视图的方式,直观展示学者完整的学术研究历程,以及以学者为中心的科研网络及关联关系,汇集学者的学术出版物,研究领域、合作者、基金项目、期刊会议等信息;应用开放链接技术,准确定位清华学者学术出版物的全文,清华大学合法用户,可以通过在图书馆借还书授权,对目标学者的数据进行判断和下载;通过自动追踪系统,制定完整的分析流程和追踪策略,可及时基于多参数,定制自动追踪目标学者的文章收录情况,追踪得到的文章,可随时显示在学者信息页面,供学者本人和相关人员做最终的人工确认;自动追踪并及时更新学者发文及收录情况,让学者个人著作清单一目了然,解决了IR数据不能及时更新,对用户不能提供有力的帮助和支持的问题,学者发表的文献,是否被权威机构收录,何时收录,也能得到快速显示。目前,ThuRID已建立150名学者ID及科研网络,得到院系学者的热烈响应,并得到积极反馈。学者对系统提出了众多改进意见,如SCI引文追踪,按照引文数据排序,将ThuRID嵌入院系学者主页及学者个人博客等。

通过这些反馈,可以看出学者对文献追踪、评价、管理、展示、分析等功能的需求,也可以看出学者对ThuRID感兴趣。

### 5.2.6 学术机构知识库的停止运行

学术机构知识库停止运行指机构知识库不是因为系统升级、系统维护、网络问题等原因造成的系统短暂不能访问,而是学术机构决定永久性停止学术机构知识库的运行。其一般存在两种情况:一种情况是学术机构知识库所在科研单位决定加入学术机构知识库联盟,即把现有机构知识库的内容和用户数据迁移到机构知识库联盟中,现有机构知识库停止运行;第二种情况是由于机构知识库运行效果不理想、项目经费不足、人员流动、机构知识库建设与运行相关项目结项等主观、客观原因,致使学术机构知识库关闭,停止运行。

## 5.3 基于学术机构知识库生命周期的成本构成

学术机构知识库的建设是有成本的,图书馆员参与学术机构知识库构建和维护也是有成本的。学术机构知识库成本由生命周期中各个阶段产生的成本组成,学术机构知识库的成本按照不同的切分维度,有不同的分类方式。按照是否可控分为可控成本和不可控成本;按照是否固定分为固定成本和可变成本;按照是否可以度量范围分为可核算成本和不可核算成本;按照职能的不同分为运行成本和管理成本。按照投入要素又可以分为人力成本、物力成本(设备、软件、空间、网络环境等成本)、信息成本。

影响学术机构知识库的成本因素包括人员、软件、硬件、内容、对机构知识库的认知、知识产权授权、增值服务、管理职责和机构知识库的利用等。[12]在分析机构知识库各个生命周期中发生的成本之前,先从总体上分析机构知识库的人力成本,因为人力因素始终贯穿机构库的生命周期,从建设初期的系统开发者到构建过程中的系统录入员、推广宣传员以及机构库的维护管理员均为是学术机构的参与者。人力成本需要的时间成本最长,资金投入量也较大。人力成本的构成要素主要有获取成本、使用成本、培训和学习成本、离职成本等。

虽然由于图书馆员除了学术机构知识库的工作之外,还有其他的工作职责造成了学术机构知识库建设的人员的成本比较难以计算,但是花费在学术机构知识库开发上的时间也会随着图书馆工作优先顺序发生变化,比如当图书馆正在构建一个新的Web站点时,学术机构知识库项目就要受影响。

机构知识库的人力成本主要包括:①聘用学术机构知识库创作团队的人员成本来于人员的选拔费用、考核费用、会议费用等。虽然学术机构知识库的创作人员主要来源于研究机构或者高校图书馆,但是仍然需要一些专家学者的支持和参与,选择此类专业人员参与的时候需要投入一定成本,如差旅费、会议费等。②人力资源的使用成本主要是指在人员开发过程中,所要支付的人员工资、办公经费等,另外还包含参与机构库专家学者的劳务费等。③在机构库的建设过程中还需要对机构库团队成员的培训,主要包括上岗前培训和执行任务中的提升与学习,人员之间的交流等。④如果在机构库的建设期间有人员离职而造成职位空缺,那么就产生了人员的离职成本。由于人员暂不能参与机构库的建设,而造成了其他人工作量的增加或者机构库建设时间的延长,都会在无形中增加机构库的建设成本。

下面将以机构知识库的生命周期为切入点,分析学术机构知识库的成本构成。

### 5.3.1　学术机构知识库的规划阶段

学术机构知识库规划阶段涉及的成本主要由人力成本构成。其主要由机构知识库项目规划小组的人员投入到学术机构知识库的工作时间来决定,计算时,一般针对不同角色的工作人员其成本要乘以一定的系数,以保证一个学术机构的院长与一名普通的技术人员花费一小时在机构知识库规划上所产生的不同成本。这是由于在国外学术机构各类人员的薪金水平是保密的,因此调研过程根据岗位职责的重要性来确定相应的权重。

规划阶段成本公式:

$$C_{规划} = R_1 * r_1 + R_2 * r_2 + R_3 * r_3 + \cdots + R_n * r_n \tag{5.1}$$

其中, $R_n$ 第 $n$ 个机构知识库规划参与者的工作时间,以小时为单位, $r_n$ 为第 $n$ 个机构知识库参与人员的岗位职责系数, $R_n * r_n$ 即第 $n$ 个规划参与者的成本核算。

康奈尔大学机构知识库参与的人员及职责见表5.1。

表5.1　DigitalCommons@ILR规划阶段参与人员及职责

| 岗　位 | 职　责 |
|---|---|
| Web与数字项目经理 | IR平台调研与选择;对IR进行全面管理;监督1.5 FTE支持人员;主持DigitalCommons@ILR工作组;主要技术管理者;负责与Proquest/Bepress谈判并签订版权合同;负责所有版权的最后谈判;负责IR管理相关的所有培训 |
| DigitalCommons@ILR工作组(项目管理者、参考服务协调者、图书馆馆藏人员和延伸的图书馆员) | 负责制度与工作流程问题。例如一起工作制定馆藏开发制度;制定科研人员出版物工作流程;数字仓储提交协议 |
| DigitalCommons@ILR顾问小组(比工作组更大,包括工作组的所有成员,还有代表科研人员员工、和ILR网站小组等图书馆外人员) | 为机构知识库提供机构监督,为相关利益者提供投资机会,为提升和营销出谋划策,提供新的想法 |

## 5.3.2　学术机构知识库的开发阶段

学术机构知识库开发阶段的成本包括软件选型成本、开发成本、人力成本等。学术机构知识库的开发阶段的成本公式如式5.2所示:

$$C_{开发} = D_1 + D_2 + D_3 \qquad (5.2)$$

其中, $D_1$ 为机构知识库软件选型成本, $D_2$ 为开发成本, $D_2 = \sum d_i + Dt + De$ , $d_i$ 为机构知识库开发各功能模块的开发成本; $Dt$ 为开发工具的成本。 $D_3$ 为学术机构知识库开发阶段的人力成本。 $De$ 是在开发的机构知识库运行不佳的情况下,重新开发机构知识库的成本。

机构知识库软件选型成本主要包括对不同机构知识库现成软件的功能、适用性等比较分析的产生的成本以及不同软件试用产生的成本。

开发成本指对机构知识库现成软件进行二次开发或者开发机构知识库各功能

模块产生的成本和开发工具的成本。如果采用免费开源软件开发成本并不一定为零,比如Open Repository软件根据科研机构的需求,采取变动价格方式,安装费用为9900美元,每年的运行维护费为4950美元。[13]

机构知识库开发各功能模块主要包括知识对象的组织模式设计与开发、知识对象提交模块开发、知识对象的存取模块开发、外部知识集成模块开发、内容管理模块开发、系统管理模块开发、知识对象浏览模块开发、知识对象检索模块开发、个性化服务模块开发。具体的成本根据机构知识库开发的模块的功能和数量会有一定的变化。比如麻省理工学院(MIT)2002年上线的DSpace提供了个性化服务,比如个性化提交表单、知识对象浏览缩略图、用户发表对知识对象的评论、支持国际用户交互等,这些均是属于增值服务,需要收取额外的费用。

开发工具的成本主要指开发机构知识库所采用的操作系统、数据库操作系统、测试工具、管理工具等的成本。目前各个类型的学术机构知识库往往采用开源软件进行机构知识库二次开发。如果采用开源软件,则开发工具成本为零。采用开源软件进行机构知识库开发最大的好处就是节约开发工具成本,具体要根据科研机构对机构知识库的功能需求决定。

重新开发成本方面的典型例子为罗彻斯特大学(University of Rochester)的IR+(IR Plus)。该校在2002年使用DSpace建立了机构知识库,发现机构知识库功能不能吸引科研人员主动参与,数据主要靠管理员添加。在2009年,罗彻斯特大学组织了相关人员实际参与学校的科研过程,了解科研人员需求,在此基础上利用开源软件开发了IR+系统。IR+的特点是融入科研过程,支持科研生命周期中各阶段性成果的保存与管理,吸引科研人员主动参与IR内容建设。系统功能主要分三部分:一是个人工作间——注册用户个人私有的文档管理单元,支持文档的添加、删除、检索、版本控制,以及与其他注册用户的共享;二是机构知识库,主要保存机构已正式出版的知识产出,以专题的方式组织,允许公开访问;三是研究者个人主页,包括研究者个人基本信息与科研产出的公开展示。三者之间相对独立又相互联系。当某一科研活动进行时,科研人员可以使用个人工作间管理科研活动相关资料或阶段性成果。当科研活动结束、知识产出最终正式出版后,可以将个人工作间的成果直接发布到IR中。同时,支持科研人员从个人工作间或IR中添加自己阶段性、非正式或正式出版的知识产出到个人主页。[14]

学术机构知识库开发阶段的人力成本的计算,可参照规划阶段的人力成本计算方式。人力成本主要是与机构知识库开发有关的人员的投入,比如协调小组、顾问小组等。康奈尔大学机构知识库参与人员包括 Web 与数字项目经理,项目管理者、参考服务协调者、图书馆馆藏人员和延伸的图书馆员组成的 DigitalCommons@ILR 工作组,包括工作组的所有成员,还有代表科研人员员工和 ILR 网站小组等图书馆外人员组成的 DigitalCommons@ILR 顾问小组。

C. Sean Burns 对美国机构知识库调研发现,采用开源软件开发机构知识库与进行个性化机构知识库开发设计的后续人工成本、软件成本和硬件成本均有较大变化,如表 5.2 所示。[15]可以看出采用开源软件设计的成本较少。

表5.2　不同软件类型的设计的人工、软件和硬件成本比较

| 成本类别 | 开源软件开发 | | 个性化机构知识库开发 | |
| --- | --- | --- | --- | --- |
| | 调查问卷反馈数 / 份 | 成本 / 美元 | 调查问卷反馈数 / 份 | 成本 / 美元 |
| 人工成本 | 9 | 50000 | 8 | 98750 |
| 软件成本 | 2 | 17000 | 8 | 24000 |
| 硬件成本 | 5 | 1000 | 1 | 17000 |

## 5.3.3　学术机构知识库的部署阶段

学术机构知识库的部署成本,主要是对已经开发完成的机构知识库或者采购的机构知识库以及决定采用的免费机构知识库,在云端或者本地进行部署所需要投入的人力成本、硬件成本和软件成本的综合。部署阶段的成本公式见式5.3:

$$C_{部署} = D_4 + D_5 + D_6 + D_7 \tag{5.3}$$

其中,$D_4$ 为人力成本,$D_5$ 为硬件成本,$D_6$ 为软件成本,$D_7$ 为部署测试需要的网络和带宽分摊的成本。

人力成本指参与学术机构知识库部署人员所投入的工作时间,包括机构知识库管理系统安装与调试的时间成本。硬件成本主要包括新购置或者分摊服务器、网络设备、台式机等设备的费用。硬件的成本资金的投入在整个生命周期中相对比例较高,特别是在机构知识库联盟结构中,要涉及的成本尤其高,主要是要采购服务器和存储阵列。硬件成本存在一次购置、多个环节分摊的特点,比如分摊到其他应用上,或者在运行阶段分摊等。软件成本主要包括部署机构知识库所支持的服务器的操作系统和管理系统的软件成本。网络和带宽成本分摊在部署阶段和运行维护阶段。

康奈尔大学机构知识库软件平台是外购的,而且安装在 Proquest/Bepress 公司的服务器上。因此,Catherwood 与 Proquest/Bepress 签订的合同中相关的金额是固定的成本,主要由硬件和软件组成的固定成本组成,此部分固定成本由 Catherwood 图书馆获得的捐赠收入支付。

### 5.3.4 学术机构知识库的运行和维护阶段

学术机构知识库的运行成本包括知识产权成本、知识对象加工成本、知识对象录入成本、人力成本、宣传和推广成本、知识对象管理成本以及机构知识库正常运行支持环境成本,见式5.4:

$$C_{运行和维护} = M_1 + M_2 + M_3 + M_4 + M_5 + M_6 + M_7 \tag{5.4}$$

其中,$M_1$ 为知识产权成本,$M_2$ 为知识对象加工成本,$M_3$ 为知识对象录入成本,$M_4$ 为人力成本,$M_5$ 为宣传和推广成本,$M_6$ 为知识对象管理成本,$M_7$ 为运行支持环境成本。

知识产权成本 $M_1$ 指知识知识库收录公开发表或出版的学术论文、学位论文、专著等知识对象,获得出版机构的许可所需要支付的费用。这些费用有的支付给期刊、出版社等,在数字出版发展普遍的今天,知识产权成本还会支付给网络出版机构,如 Elsvier、Proquest 等。比如康奈尔大学工业与劳工关系学院的机构知识库 DigitalCommons@ILR 为了收录本学院科研人员的科研成果,需要与出版商 Proquest/Bepress 签订关于版权的合同,并支付版权费用,合同的版权费用形成的成本由 Catherwood 图书馆获得的捐赠收入支付。知识产权成本的计算可以据与出版社或网络出版商签订一次性买断费用。当学术机构知识库收录的涉及版权的知识对象数量较多时,会降低单个知识对象的知识产权成本。学术机构也可以按年度或者按篇数支付一定的知识版权费用。后者涉及的知识产权成本 $M_1$ 是可变成本,随着收录内容的增多会呈现递增趋势。当然,科研机构应该鼓励科研人员向开发获取类学术出版物投稿,已获得重复利用的知识产权控制权。知识产权成本一般情况下是可变成本。

知识对象加工成本 $M_2$ 指对拟收录到机构知识库的科研产出进行扫描数字化所需要投入的设备、人力成本及格式转化成本。比如 DigitalCommons@ILR 知识对象扫描成本包括采购扫描设备、用于处理扫描内容的计算机、存储以及第二台电脑显示器所支付的费用的综合。其中第二台显示器主要作为辅助显示器,解决机构知识库网站管理过程需要根据知识对象的基本信息录入元数据时,频繁产生的元数据界面与知识对象界面之间进行切换的压力,即一个显示器显示元数据录入界面,另一个显示器显示知识对象的全貌,这大大提高处理效率。格式转化成本指对扫描后的图片知识对象转化成不同格式的格式转化成本,包括从 gif、jpg 转化成 pdf、doc 等格式。对于 DigitalCommons@ILR 而言,知识产权成本和知识对象扫描处理设备成本是固定成本。但是对于国内机构知识库而言,知识产权成本是可变成本。投入的设备在报废之前属于固定成本,可变的是设备的维护保养费等。人力成本与加工处理的知识对象的数量成正比。Mary Piorun 对 Lamar Soutter 图书馆数字化学位论文的成本进行了分析,指出数字化 320 篇博士学位论文,并存储到机构知识库的成本为 23562 美元,合 0.28 美元/页,数字化的时间成本为 906 小时,每篇博士学位论文数字化用时为 170 分钟。[16]在数字化之前,项目组调研了两种数字化学位论文的方法,一种是自己数字化,另一种是委托外包给 UMI。UMI 预估数字化成本为 75 美元/篇,数字化时间为 8~12 周,预估与实际的成本及处理时间分别见表 5.3 和表 5.4 所示。纸质学位论文数字化不仅仅是扫描,还要进行文字识别,从而使数字化后进入机构知识库的文档能够进行全文检索,而且随着后续纸质论文的提交,需要与 UMI 签订长期合作框架,这都是需要面临的技术问题,因此项目组最后选择,自己进行数字化。

### 表5.3 数字化学位论文预估成本

| 项　目 | 小时 | 劳动成本／美元 | 每个文档处理时间/分钟 | 每个文件的成本／美元 | 每页成本／美元 |
|---|---|---|---|---|---|
| 扫描 | 225 | 4500 | 45 | 15.00 | 0.06 |
| 质量控制 | 225 | 5625 | 45 | 18.75 | 0.08 |
| 文摘OCR识别 | 100 | 2500 | 20 | 8.33 | 0.03 |
| 添加到机构知识库 | 100 | 2500 | 20 | 8.33 | 0.03 |
| 签名页 | | | | | 0 |
| 替代文档 | | | | | 0 |
| 项目管理 | 75 | 2625 | 15 | 8.75 | 0.04 |
| 设备与软件 | | 10000 | | | |
| 合计 | 725 | 27750 | 145 | 59.17 | 0.24 |

资料来源：PIORUN M. Digitizing dissertations for an institutional repository: a process and cost analysis[J]. J Med Libr Assoc, 2008, 96(3): 223 – 229.

### 表5.4 数字化学位论文实际成本

| 项　目 | 小时 | 劳动成本／美元 | 每个文档处理时间/分钟 | 每个文件的成本／美元 | 每页成本／美元 |
|---|---|---|---|---|---|
| 扫描 | 240 | 4800 | 45 | 15 | 0.06 |
| 质量控制 | 133 | 2926 | 25 | 9.14 | 0.04 |
| 文摘OCR识别 | 160 | 3520 | 30 | 11 | 0.04 |
| 添加到机构知识库 | 54 | 1890 | 10 | 5.91 | 0.02 |
| 签名页 | 133 | 2926 | 25 | 9.14 | 0.04 |
| 替代文档 | 26 | 910 | 5 | 2.84 | 0.01 |
| 项目管理 | 160 | 5600 | 30 | 17.5 | 0.07 |
| 设备与软件 | | 990 | | | |
| 合计 | 906 | 23562 | 170 | 70.54 | 0.28 |

资料来源：PIORUN M. Digitizing dissertations for an institutional repository: a process and cost analysis[J]. J Med Libr Assoc, 2008 96(3): 223 – 229.

处理时间超过预计时间 181 个小时,是因为参加数字化项目的流通人员并非在项目的 12 个月周期内全职参与数字化。此外,获取作者的数字化授权耗费了 133 小时,替代论文中的签名页额外耗费了 26 个小时。

知识对象录入成本 $M_3$ 主要指数字化的知识对象采集入库的成本。知识对象的录入主要有三种方式:一是由科研人员自行录入,二是由图书馆馆员录入,三是由系统程序自动从文献数据库中采集数字对象并入库。对于公开出版物,则可以通过第三种方式或者由出版社定期从数据库中抽取数据集,生成规定格式的数据包发送给机构知识库管理员,由管理员直接入库。三种方式中,随着录入知识对象的数量增加,第四种的成本最低,第一种方式成本最高,第二种方式由于图书馆馆员对知识对象录入的熟练程度及技巧而成本相对较低,第三种方式需要文献数据库开发接口,或者开发定期采集程序,这部分成本一次投入,后续成本较少。

人力成本 $M_4$ 的计算方式同规划阶段,主要包括机构知识库运行和维护阶段投入的各类人员的工作时间来计算。比如对知识对象的采集、保存、元数据操作、检索、访问、存储,制定运行和维护政策,机构知识库服务、进行宣传推广、软硬件环境的维护等均需要投入大量的人力,均纳入人力成本的范畴。运行和维护人员主要包括知识对象收录人员、审核人员、数据库的管理维护人员、服务人员等。知识对象收录人员可由图书馆员或者科研人员担任。知识对象的审核人员,对上传至机构知识库中的知识对象进行审核,包括对于机构知识库资源的版权解释、知识对象的更新以及研究人员个人信息的核实情况等。数据库的管理维护人员,主要维护机构知识库的软件系统,对用户和资源进行管理,并对机构知识库的访问权限进行控制。如果在运行和维护阶段,需要投入人工提供增值服务,如提供关于特定学科、子研究机构、人员对比等分析报告等,则需人力成本将会增加。可以通过培训的方式降低知识对象入库时间成本。机构知识库运行和维护阶段的人员分为全职人员、专业人员、辅助专业人员、行政人员和学生等。专职人员承担的责任最大。

对机构知识库运行维护阶段人力成本的量化度量,可以通过工作人员自行填写工作记录,确定该项工作用时来计算;也可以通过机构知识库系统登录日志中记录的人员在线时间来计算。比如,特温特大学的 Pieter H. Hartel 利用该校机构知识库web服务器上的日志中记录的用户、运营维护人员、录入并处理元数据和机构知识库知识对象原文文件的在线时间来作为衡量运营维护人员的工作时间成本的来源之一。[17]用户和编辑人员需要登录到机构知识库才能更新知识内容,因此可以通过日志文件知道谁在运行维护机构知识库,比如,通过apache的日志记录,可以假设用户Pieter为机构知识库工作了8秒钟:

130.89.148.32 - pieter [04/Dec/2005:20:42:58 +0100]

"GET /perl/users/staff/edit_EPrint?EPrintid=43&dataset=IR HTTP/1.1" 200 15895

130.89.148.32 - pieter [04/Dec/2005:20:43:06 +0100]

"POST /perl/users/staff/edit_EPrint HTTP/1.1" 200 14042

以康奈尔大学机构知识库为例,虽然由于康奈尔大学图书馆的工作人员还兼有其他工作职责,造成无法确切地衡量学术机构知识库的全部成员成本。表5.5是康奈尔大学机构知识库参与人员的岗位及工作职责。进行人员成本考核时,依据其从事相关工作的时间来核算成本。

表5.5　康奈尔大学机构知识库参与人员的岗位及工作职责

| 岗　位 | 职　责 |
|---|---|
| Web与数字项目经理 | IR平台调研与选择;对IR进行全面管理;监督1.5 FTE支持人员;主持DigitalCommons@ILR工作组;主要技术管理者;负责与Proquest/bepress谈判并签订版权合同;负责所有版权的最后谈判;负责IR管理相关的所有培训 |
| 项目助理 | 上传文档,录入元数据 |
| 兼职项目助理 | 根据建立的工作流程要求检查所有出版物的版权许可情况 |
| 联络人 | 对参加机构知识库有兴趣的科研人员提供单点服务,并提供学术交流和版权问题的培训 |
| DigitalCommons@ILR工作组 | 负责制度与工作流程问题。例如一起制定馆藏开发制度,制定科研人员出版物工作流程与提交数字仓储协议 |
| DigitalCommons@ILR顾问小组 | 为机构知识库提供机构监督,为相关利益者提供投资机会,为提升和营销出谋划策,提供新的想法 |

| 岗 位 | 职 责 |
|---|---|
| 图书馆馆藏的遴选人员 | 主要负责选择图书馆中能够进入机构知识库的部分关键工作文档,以及识别其他满足馆藏的合适文档,为劳动管理文档库从Kheel中心识别档案保管员,为Kheel中心馆藏挑选文档资料 |
| ILR网站团队人员(非图书馆员) | 提供技术文字咨询和建议;辅助面向用户的网站设计,从而使网站设计与ILR学院的声誉相匹配;开发从DigitalCommons@ILR收割元数据的工具,从而使元数据能够在ILR学院网站页面上被使用 |

宣传和推广成本 $M_5$ 包括运行之初的宣传成本和运行过程中的宣传推广成本。学术机构首先要对学术机构知识库的实施背景、目标、收益等进行宣传,提高工作人员的认知,这个过程均产生相应的成本。

知识对象管理成本 $M_6$ 包括元数据的采集、抽取成本、加工成本、保存、服务等机构知识库的维护成本。其中,知识对象的保存需要分摊部署阶段的硬件成本,比如存储设备、服务器、电脑等。该部分成本往往由相应的项目支持。可以通过宣传成本的投入降低技术的维护成本。这是因为通过宣传推广,增强了科研人员和其他相关人员对机构知识库的认识,通过培训,提高了维护机构知识库的技能,这均可以提高资源整的效率,降低维护的技术成本。

机构知识库正常运行支持环境成本 $M_7$ ,往往依托学术机构知识库的建设者和部署机构。如科研机构的图书馆,由于图书馆作为信息服务的阵地,设置了网络中心或者信息中心,建设机构知识库需要购买部署阶段的服务器和存储、交换机、UPS不间断电源、硬件防火墙等,将使得硬件成本增加。因此,应尽量选择完善的网络中心作为机构库的存放地,这样不仅节约技术成本,还能保障数据安全。运行环境的成本往往需要相关项目的支持,也有的项目从外部获得资金支持,比如通过学校、区域或者国家基金等。

根据学术机构知识库建设的推广模式不同,成本的增加具有不同的特点,如采用"示范+参建"模式、自下而上的模式、单个机构知识库推广三种。模式不同,成本不同。"示范+参建"模式中的推广成本呈现出边际效应的特点,也即随着参建单位的增多,成本的增加呈现递减的趋势。这是由于相应的硬件条件、软件条件、人工投入等均为前期投入,新的参建单位的增加,并不需要参建单位重新进行规划、开发、部署,宣传成本纳入总体宣传推广盘子中,大大减低了相关费用。自下而上的模式中,以中科院系统为例,成本包括中科院文献情报中心馆员、技术人员的人员成本,还包括研究所研究成果提交成本,以及相关的成本。但中科院系统作为一个大的科研综合体,建设各自机构知识库时,自上而下的设计,特别是学科馆员向研究所图书馆员宣传推广成本,研究所馆员再向主管领导汇报,主管领导研究可行性,向研究所主管所长建议的方式,不仅提高了参与者的配合度,也大大降低了推广成本。

C. Sean Burns 在对美国机构知识库调研时发现,机构知识库实施和运行的成本是变化的,实施机构知识库的成本最大为 30 万美元,最小为 0 美元,中位数成本为 2 万美元,每年运行机构知识库的成本高于实施成本。运行机构知识库的成本最高为 27.5 万美元,最小为 0 元,中位数成本为 3.1 万美元。人工成本高于软件成本,硬件成本最小。人工成本最高为 23.52 万美元,最少为 100 美元;软件成本最高为 4 万美元,最少为 2500 美元;硬件成本最高为 5 万美元,最少为 500 美元。[18] C. Sean Burns 发现采用开源机构知识库软件与进行个性化机构知识库开发的成本有较大差别。

### 5.3.5 学术机构知识库的停止运行阶段

根据前文对机构知识库停止运行的描述的两种情况:一种情况是学术机构知识库所在科研单位决定加入学术机构知识库联盟,即把现有机构知识库的内容和用户数据迁移到机构知识库联盟中,现有机构知识库停止运行;第二种情况是由于机构知识库运行效果不理想、项目经费不足、人员流动、机构知识库建设与运行相关项目结项等主观或客观等原因,造成的学术机构知识库关闭,停止运行。对于第一种情况,停止运行的成本主要涉及原有机构知识库的数据迁移成本;第二种情况涉及的成本主要是机构知识库的知识对象的元数据和原文的导出保存成本。

## 5.4 学术机构知识的成本转嫁

### 5.4.1 学术机构知识库成本来源

学术机构知识库的构建和运行需要资金的保障。随着学术机构知识库规模的不断增大,学术机构知识库的后续维护和管理也需要大量的资金支持。

#### 5.4.1.1 国家研究项目基金

目前国外学术机构知识库的构建和运行需要的资金中国家研究项目基金是重要的部分之一。

国内的学术机构知识库建设经费来源有很多来自国家。比如,中国科学院与多个学术机构合作构建了学术机构知识库,被多个中科院分院如中科院力学研究所、中科院兰州分院、上海图书馆等多个学术机构应用。该学术机构知识库的资金来源包括中科院设立应用预研项目《重点领域与机构平台核心架构和开放整合机制研究》基金。[19]厦门大学学术机构知识库是厦门大学数字图书馆建设的一个组成部分,是《"985工程"二期公共服务体系平台》项目第一阶段的一个成果[20],其资金来源于国家项目基金。

荷兰政府则提供对数字学术知识库(Digital Academic Repositories,DARE)项目的200万欧元的财政支持,它是荷兰的大学、国家图书馆和科学研究组织的一个联合项目,采用开放的、国际性的标准来确保项目的互操作性与国际性,以使其知识成果能够数字获得。此项目所有的参与机构都要采用相同的标准,并各自承担其知识库建设与维护。[21]

英国的国家机构同时为学术机构知识库构建的软件研究与学术机构知识库的建设提供支持。如英国联合信息系统委员会(JISC)在支持EPrints软件开发的同时,又支持了众多项目的运行,仅对其众多项目之中的FAIR(Focus on Access to Institutional Resources)一个项目就提供200万欧元的经费支持,此项目又下设14个子项目,分别对数字学术交流环境中的各个方面进行研究。如在南安普敦大学运行的TARDIS子项目,针对多学科学术机构知识库的发展建立,并对限制学术机构知识库发展的技术、文化、学术障碍进行调查研究;在巴思大学(University of Bath)

运行的 EPrints UK 子项目主要对学术机构知识库之间的互操作性进行测试调查；在格拉斯哥大学(University of Glasgow)运行的 DAEDALUS 项目主要对不同的学术机构知识库构建软件进行运行比较。FAIR 项目的另外一些子项目也是围绕学术机构知识库建设中的各种问题在其他大学进行。[22]

### 5.4.1.2　地方政府或公司的基金

地方政府基金也可以作为学术机构知识库建设的一个资金来源。地方政府为了促进本地的学术的交流和知识成果的转化,可以为学术机构知识库的构建和运行维护以项目的形式提供一定的经费支持。这样不仅可以促进相应学术机构的研究,而且可以把学术机构知识库的研究、建设和运行以科研成果的形式进行推广。地方政府通过政府基金的形式统筹规划本地学术机构知识库的建设和发展,可以避免同一个地区不同学术机构重复的建设和资金的浪费,实现学术机构和政府的共赢。

另外一些公司的基金也可以作为学术机构知识库建设和运行的资金来源。比如有部分学术机构知识库的软件开发项目是由一些基金会及商业公司资助研究型大学或机构建立的,如由 Andrew W. Mellon 基金会所资助的 Fedora 软件,由惠普公司和 MIT 所共同研制的 DSpace 软件。

### 5.4.1.3　学术机构的研究经费

学术机构的研究经费也是学术机构知识库建设和维护的重要经费来源之一。比如,中国科学院与多个学术机构合作构建的学术机构知识库的经费来源,除了中国科学院设立应用预研项目"重点领域与机构平台核心架构和开放整合机制研究"基金之外,就是各个参与单位相关立项资金。由于学术机构是学术机构知识库建设的最大受益者,因此学术机构为本机构学术机构知识库的建设投入一定的资金保障是必要的。

### 5.4.1.4　向学术机构人员收取一定的费用

学术机构知识工作人员通过把成果提交到学术机构知识库提供开放获取访问服务,这一行为可以提高其成果的影响力,为其带来一定的知名度,甚至可以带来一定的经济利益。因此,当学术机构知识库发展到一定的规模时,随着学术机构工作人员的研究成果被更多的人认知、转化成生产力,学术机构工作人员作为受益者可以从其课题经费中支付一部分学术机构知识库的使用成本。

总之,学术机构知识库运行所需的资金需要多渠道进行筹措,不能完全依赖一种来源。现状是资金大都来源于国家政府机构,其实施对象也大都是一个国家内实力雄厚的研究型大学或研究机构。国内学术机构知识库建设的资金主要源自于政府与高校。学术机构知识库建设的实施主体是高校及一些实力雄厚的科研机构。这些学术机构是中国学术成果的主要生产地与利用地,与其他机构相比,在资金来源、学术成果搜集、职员技能等方面更具优势。国外学术机构知识库建设的资金一般都来源于政府支持及一些私人基金会的赞助,而国内则鲜有大型的私人或商业基金会能够投资学术机构知识库的建设。对此,可以由政府教育部门每年拨出一定比例的资金用于学术机构知识库的建设。

Soo Young Rieh 等在对美国机构知识库不同发展阶段的调研发现,美国学术机构典型的做法是把机构知识库的经费纳入图书馆日常运行经费中,而不是由学术机构的各个部门支付[23]。在机构知识库建设不同阶段机构知识库的经费来源变化不大,表5.6显示排名前6的经费来源。

表5.6　前6名经费来源

| 前6名经费来源 | 规划阶段 | 规划测试阶段 | 实施阶段 |
| --- | --- | --- | --- |
| 图书馆专项计划 | 1 | 2 | 1 |
| 图书馆日常运行成本 | 2 | 1 | 2 |
| 学术机构图书馆日常预算支持 | 4 | 3 | 3 |
| 外部项目支持 | 3 | 4 | 4 |
| 学术机构中央管理部门提供的专项 | 5 | 6 | 5 |
| 学术机构档案部门专项计划支持 | 8 | 9 | 6 |

学术机构知识库的经费有75%用于人力成本与供应商的费用。在规划和测试阶段,人力成本超过供应商的成本,在实施阶段,供应商的成本高于人力成本。硬件成本占预算的10%,软件占预算的7%,规划、测试与实施预算占2.5%。软件成本及硬件维护和系统备份占总预算的12.8%,如图5.8所示。

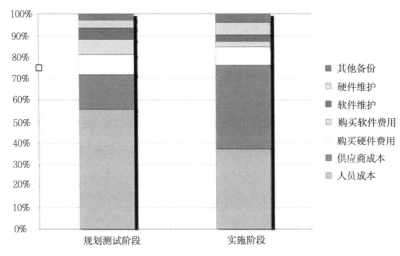

图5.8　机构知识库各项预算的构成图

## 5.4.2　学术机构知识转移的成本转嫁

构建基于知识管理的学术机构知识库,需要学术机构的工作人员主动地把自己的知识资源保存到学术机构知识库中,即把自己的知识资源通过知识转移来保存到学术机构知识库中与其他人共享。这种共享可以有一定的权限要求。因此,构建基于知识管理的学术机构知识库模式的一个重要理论基础就是学术机构工作人员把自己的知识资源存储到学术机构知识库中去。这一知识转移行为是有成本的,不能够让学术机构工作人员来无偿地承担这一成本。

知识共享的本质是知识的转移。从工作人员转移到学术机构的知识成本决定了学术机构研究人员的工资。但是目前的学术机构研究人员的工资结构由国家工资、津贴、奖金、福利组成,而且这种工资结构是先于学术机构工作人员的知识创造活动,也即是对工作人员知识创造活动的价值预期。这样的工资结构目前仅仅反映研究人员的知识效用成本、显性化成本、知识发送成本、知识管理成本的一部分,没有包括研究人员知识转移中的垄断知识的效用成本和剩余的知识显性化成本、知识发送成本、知识接收成本、知识管理成本。因此,对于没有通过工资转嫁出去的这部分知识转移成本需要找到合理的转嫁方式。

学术机构知识转移成本转嫁的首选是纵向经费。纵向经费主要包括:国家重点攻关项目的合同经费;各级各类的科学基金,如自然科学基金、社会科学基金、各种专项基金等;重要部门和地方科技部门重点攻关项目的合同经费;上级主管部门下达用于重大科研项目的投资。

其次,学术机构知识转移的成本可以通过横向经费转嫁。横向经费主要包括企业向学术机构的一种投资或赞助,需要学术机构以一定的劳务或成果来偿还。横向经费还包括知识成果转让收入,接受社会捐赠的收入[24],通过国际合作获得的研究资金。国外研究机构的研究经费还来源自捐赠,包括个人、校友、社会慈善人士、各种基金会等。[24]

如上所述,学术机构工作人员的知识创新除了得到现有工资结构的保障,还可以通过各种课题、基金等形式获得经济支持。当然这些课题、基金等经费的支持不是无偿的,而是需要学术机构工作人员进行知识创造。因此学术机构知识转移成本可以通过工作人员的工资、横向经费和纵向经费等方法来进行转移。只有知识转移的成本被转嫁出去,才能够保持学术机构知识转移的持续进行和长久发展。

### 5.4.3 学术机构知识库降低成本的途径

(1)建立机构知识库联盟降低成本。DSpaee联盟(DSpace Federation)是由使用DSpaee技术系统创建机构库的研究机构和大学图书馆组成的共同体,因以技术系统为纽带,联盟空间不受限制,其成员遍布世界各地。DSpace联盟工程是在Andrew W.Mellon基金会的许可下与美国麻省理工学院和英国剑桥大学共同投资的实验项目。该联盟工程最初的重点是在8个合作大学中,通过实施DSpace系统,从中吸取经验、总结教训进而公开发行推广DSpace软件系统,实现更大范围内的资源共享。这一做法降低了建库成本,减少了实施机构库的障碍,在推广技术的同时也推动了机构库的迅速发展。除了为其合作机构提供技术支持和咨询服务之外,DSpace联盟还向其成员报道联盟进展和发布信息。

(2)通过资源共享降低学术机构知识库的相关成本。比如Lamar Soutter图书馆在评估数字化机构300篇博士学位论文的时候,选取了用时更长、单页成本更高的机构内部数字化的方案,除了为了获取数字化的经验和提高数据质量之外,还考虑到外包数字加工会带来一些隐性的成本。比如外包给UMI预算的资金是27750美元,但带来的隐性成本包括需要招聘临时工作人员的1万美元。而采用内部加工的方式,则可以充分利用图书馆现有的部分设备及网络环境和工作人员,比如流通人员和编目员,进行资源共享,可以降低成本。比如在人工成本方面,可以降低质量控制成本2699美元,每篇论文降低9.61美元,降低添加资源到机构知识库的成本610美元。这是因为最初计划雇佣临时人员来做这部分工作,实际操作时由编目人员负责,大大提高了效率,降低了成本。设备和软件成本为9010美元,该成本的节约主要是图书馆已经购买了全流程使用的软件,如微软的ACCESS、eCopy、Adobe Acrobat和Adobe Illustrator。

# 参考文献

[1]邓子基.现代西方财政学[M].北京:中国财政经济出版社,1994:186-187.

[2]王丽,孙坦,张冬荣,等.中国科学院联合机构知识库的建设与推广[J].图书馆建设,2010,190(04):10-13.

[3] SUZANNE A. COHEN,DEBORAH J. Schmide creating a multipurpose digital institutional repository[EB/OL]. (2011-05-06)[2014-03-14]. http://DigitalCommons.ilr.cornell.edu/cgi/viewcontent.cgi?article=1119&context=articles.

[4] 宋喜群,刘晓倩.中科院建成国内最大规模机构知识库群[N/OL].光明日报,2013-09-25(06)[2014-08-01]. http://news.xinhuanet.com/tech/2013/09/25/c_125441351.htm.

[5]李大玲.学术机构知识库构建模式研究[M].上海:上海交通大学出版社,2009.

[6]刘华.国外机构知识库的长期保存研究及其启示[J].情报资料工作,2007(3):49-52.

[7]杨梅.高校机构知识库服务推广模式初探[J].长江大学学报:社会科学版,2014,37(2):164-166.

[8]聂华,韦成府,崔海媛,等.CALIS机构知识库:建设与推广、反思与展望[J].中国图书馆学报,2013,39(2):46-52.

[9]张冬荣,祝忠明,李麟,等.中国科学院机构知识库建设推广与服务[J].图书情报工作,2013,57(1):20-25.

[10]研究所机构知识仓储推广建设工作通知[EB/OL].(2009-04-30)[2014-03-08].http://www.las.ac.cn/subpage/Information_Content.jsp?InformationID=5107.

[11]清华大学图书馆.清华大学学者ThuRID介绍[EB/OL].(2013-08-11)[2014-09-08]. http://rid.lib.tsinghua.edu.cn/thurid/about.html.

[12]BURNS C S,LANA A,BUDD J M .Institutional repositories:costs and benefits[EB/OL].(2012-10-01)[2014-03-08].http://www.cais-acsi.ca/proceedings/2012/caisacsi2012_10_burns.pdf.

[13]CERN.An easy and cost-effective solution for setting up institutional repositories[EB/OL].(2013-10-21)[2014-03-08].http://oai5.web.cern.ch/oai5/images/posters/14-tate.pdf.

[14]张旺强,祝忠明,卢利农,等.几种典型新型开源机构知识库软件的比较分析[C]//中国机构知识库推进工作组,等.2013中国机构知识库学术研讨会论文集.[出版地不详:出版者不详],2013:1-11.

[15]PIORUN M. Digitizing dissertations for an institutional repository: a process and cost analysis[J/OL]. J Med Libr Assoc. 2008,96(3): 223-229[2014-03-14]. http://www.ncbi.nlm.nih.gov/pmc/articles/PMC2479051/pdf/mlab-96-03-223.pdf

[16]HARTEL P H. On the cost and benefits of building a high-quality institutional repository[EB/OL]. (2009-01-29)[2014-02-10]. http://eprints.eemcs.utwente.nl/15019/01/eprints4.pdf.

[17]朱献有.重点领域与机构平台核心架构和开放整合机制研究[EB/OL](2010-03-01)[2014-02-10].http://lib.njtu.edu.cn/xswhjl/hyjlzl/P020061012308570789363.ppt.

[18]萧德洪,陈和.厦门大学机构知识库建设实践[EB/OL].(2010-05-08)[2013-04-06].http://ir.las.ac.cn/handle/12502/6327.

[19]LANNOM L. Report on a panel on information management technology requirements[J/OL].D-Lib Magazine,2002(12)[2014-03-08]. http://www.dlib.org/dlib/december02/12inbrief.html#vandervaart.

[20]FAIR. Open access (OA) [EB/OL].(2013-06-12)[2014-03-08]. https://www.jisc.ac.uk/open-access.

[21]RIEH S Y,MARKEY K,JEAN B S,et al. Census of institutional repositories in the U.S. A comparison across institutions at different stages of IR development[J]. D-Lib Magazine,2007,13(11/12).

[22]孙玉霞.从高校科研项目管理现状看科研经费管理的思路[J].经济师,2006(8):125-125, 148.

[23]洪林,崔刚,吴丽萍,等.我国高校基层科研组织模式及其对高校内部管理制改革的影响[J].华东经济管理,2007,21(12):53-57.

[24] 赵嶷娟.中美高校科研经费比较研究[J].理工高教研究,2006,25(5):46-48.

# 第六章　学术机构知识库效益

　　学术机构投入一定的人力、物力和财力等成本建设和维护机构知识库,均基于一定的动机,并对学术机构知识库的运营效果具有一定的期待,否则,学术机构知识库的建设很难得到机构管理层的支持以及学术机构知识库参与者的参与,这就涉及学术机构知识库效益问题。

## 6.1　学术机构知识库效益的内涵

　　由于学术机构知识库的建设与运营不是以获得更多的经济效益为目的,不同的机构知识库建设的目的不尽相同,机构知识库的建设目的包括对学术机构的知识成果进行长久保存;促进学术机构的学术交流和学术成果的推广,从而促进学术创新;实现学术机构知识管理和知识共享等。[1]学术机构知识库的目的实现以效益的形式表示。效益是某种活动所产生的有益效果及所达到的程度。习惯上效益分为经济效益和社会效益。经济效益是实践活动的结果在经济方面表现出来的效益,是劳动成果与劳动消耗的比较,经济效益一般能够用经济数字来表示。社会效益是指实践活动的结果对社会进步与发展所产生的效益,社会效益是不便以经济数字的多少来衡量的。本研究所讨论学术机构知识库的效益指学术机构知识库的运行为学术机构不同参与者带来的效率的提高、利益的提升以及成本的降低。

## 6.2　学术机构知识库效益的组成

　　本部分从学术机构知识库参与主体角色的角度对学术机构知识库的效益构成进行分析。同一个人参与机构知识库生命周期的不同阶段,所表现出来的角色可能会有差异。比如,一名学术机构的科研人员,参与机构知识库的规划,他的角色可能是专业顾问或者经理、成员等;在机构知识库的开发阶段,他的角色可能是开发人员;在机构知识库的部署阶段,他的角色是机构知识库的项目人员;在机构知识库的运行维护阶段,他把自己的科研产出向机构知识库提交时,以及对外开放共享时,他的角色是机构知识库内容提供者。根据参与机构知识库生命周期的不同阶段的工作职能及本职工作的特点,对学术机构知识库参与主体的不同角色进行分类,可以分为投资人、开发者、科研人员、图书馆人员、用户等。独立的第三方开发者的效益是为了获得开发费用等经济收益,当开发者是由学术机构组织人员形成开发团队构成时,其效益归结为学术机构的效益。机构知识库建成之后,不同的角色人员获得的效益不同。

## 6.2.1 投资人的效益

科研机构科研人员的科研产出,特别是研究论文等产出,如果由公共资助的科研项目支持,这些成果应当向社会开放共享。2014年5月15日召开的全球研究理事会2014北京会议的新闻通气会上,中国科学院和国家自然基金委分别发布了《中国科学院关于公共资助科研项目发表的论文实行开放获取的政策声明》和《国家自然科学基金委员会关于受资助项目科研论文实行开放获取的政策声明》,要求得到公共资助的科研论文在发表后把论文最终审定稿存储到相应的知识库中,在发表后12个月内实行开放获取。这充分体现了我国科技界推动开放获取、知识普惠社会、创新驱动发展的责任和努力,也表明我国在全球科技信息开放获取中做出的重大贡献,会极大促进科技知识迅速转化为全社会的创新资源和创新能力,支持创新型国家建设。这部分开放共享产生的社会效益,也是投资人效益的组成部分。

如前所述,机构知识库的经费来源包括国家研究基金项目、地方政府或公司基金、学术机构知识库的研究经费、学术机构科研人员的赞助等。这些经费的投资者的目的总体来说是知识资产的管理与开放获取。比如,甘肃省科技支撑计划项目支持《甘肃省属科研机构知识库建设研究》,提出经费投资的目标包括:①实现省属科研院所知识资产的集中管理、长久保存、开放获取;②全面揭示学术成果资源,促进科技成果的广泛传播与交流;③机构知识库成为科研人员科研成果管理的空间,发布、保存、管理、维护个人的学术成果资源、课题咨询等服务;④开展学术竞争力和发展趋势分析,进行重点学科、科研人员的学术影响力统计分析等。

通过各类机构知识库的运行,投资人的预期效益已经得到了部分实现。以中国科学院为例,从2008年起,中科院国家文献情报中心部署启动了中科院机构知识库网格建设计划。经过7年多的发展,中科院已有102个研究所建立了所级机构知识库,并在此基础上,建立了全院机构知识库集成服务网络平台,覆盖全部开放服务的研究所机构知识库,提供全院科研成果的一站式检索和获取服务。目前,中国科学院大部分研究所已用机构知识库替代和升级了传统的科研成果管理系统,将其作为研究所知识资产统一采集、集中展示、长期保存和开放共享的管理平台,并利用机构知识库为研究所机构网站、学术资源规划(ARP)系统、科研用户群组专业信息环境以及其他相关应用提供学术成果的同步、一致化的自动关联和嵌接服务。通过中国科学院机构知识库网格的建设与发展,截至2016年7月10日,机构知识库网格集成各院所机构知识库102个,累计保存知识对象的数量达到682754条,其中全文知识对象504743篇,英文文献数量291181篇,全文开放量261550篇,累计浏览量为18083184篇次,下载量为15314948篇次。[2]

## 6.2.2 图书馆的效益

学术机构知识库增强了学术图书馆参加学术交流体系的能力,这也是机构知识库的价值之一。在数字时代,图书馆参与学术交流体系的能力对于提升图书馆的价值、适应时代变革的发展尤为重要。传统学术交流体系是由学者、出版发行机构、文献索引机构、检索服务机构、图书馆和读者共同构成的循环学术传播链,各个主体分工严格有序,职能单一明确。图书馆在传统学术信息交流体系中起着枢纽的作用,它对学术资源进行收集、储存、组织管理,给用户提供信息检索、传递和利用的服务。

近年来,随着网络技术的发展,图书馆不再是唯一向终端用户提供学术信息的中介,学术信息交流途径呈现多样化,学术交流周期缩短。[3]21世纪,数据库资源商对资源的垄断限制了学术交流的发展,特别是国外资源商对数据库资源的巨额涨幅严重限制了科研机构图书馆保障学术交流职能发挥。机构知识库的发展,正是在这种背景下产生的。例如,哈佛大学文理学院于2008年2月实行强制性的开放获取政策,这是教师投票通过的政策,2012年,哈佛大学建议师生将自己论文提交到哈佛大学自己的机构知识库DASH。中国科学院文献情报中心在经过6年的机构知识库建设和服务后,于2014年5月发布了《中国科学院关于公共资助科研项目发表的论文实行开放获取的政策声明》,国家自然基金委发布了《国家自然科学基金委员会关于受资助项目科研论文实行开放获取的政策声明》,这都为学术机构图书馆积极建设学术机构知识库,并通过机构知识库的运营维护参与开放获取活动,提供了方向。这也使我们坚信,机构知识库是未来研究图书馆不可或缺的组成部分,是维持图书馆员作为学术交流网络和学术交流体系这一重要角色职能重要途径。实践证明,机构知识库的建设与服务,不仅提高了图书馆的职能,图书馆在机构知识库的基础上进行二次开发和研究,如通过增强为知识对象增加永久性标识符 URI,自动元数据发现,为学者建立唯一标识符 ThuRID,通过各个学部或学院的科研成果分析等,学术机构知识库的建设和服务,再次增加了学科馆员在学术交流过程中的价值。图书馆也可以对纸质历史文献进行追溯,对本学术机构的纸质科研产出进行数字化,并发布到机构知识库中去,图书馆能够帮助科研人员提高科研产出的效益。Mary Piorun 调研发现,在对 Lamar Scoutter 图书馆的 320 篇博士学位论文数字化后,这些学位论文的访问量得到了提高,访问量从过去 5 年的 723 次提升到 17 个月访问量 17555 次,其中 10497 次来自 Google 学术搜索。[4]

### 6.2.3  学术机构的效益

学术机构的效益不仅包括机构内的图书馆、单个科研人员的效益的集合,而且还包括充分利用互联网技术提升其整体效益。

由于机构知识库的目的之一是促进科研成果的传播,因此对于学术机构而言,其知识对象的传播范围越广,效益越大。为了提高机构知识库知识对象的传播速度,需要这些知识对象可以被发现,特别是被搜索引擎爬虫发现。这是由于资源商的商业数据库,如 Web of Science、万方软件的学术搜索、化学文摘等只索引正式出版的文献。搜索引擎的学术服务整合不同商业数据库的元数据,比如 Google Scholar、百度学术等。商业数据库通过提供检索、原文服务、分析服务等增值服务来获取经济利益。百度学术通过与万方、维普、CNKI、Springer 等资源商战略合作,提供统一检索服务,为资源商导入原文服务的流量,实现利润分成。这些均以商业利益为出发点,其目的是为了获得经济利益。搜索引擎的非学术版搜索服务则没有这样的限制,搜索引擎可以采集学术机构知识库中的非正式出版物信息,如演示文档、实验数据、研究报告、音频等各种类型的知识对象。比如,Google 曾经提供了专门的指南以保证机构知识库的知识对象能够被Google索引。通过学术机构知识库的建设以及对学术机构知识库进行采集加工的各类搜索引擎和绿色OA服务商的采集,学术机构的学术成果影响力特别是非正式出版的知识对象的影响力,将得到大大提升。

下面将通过对中国科学院知识库网格2015年9月10日与2015年12月29日各项指标数据的对比,来分析机构知识库对科研人员学术成果传播的正影响,具体对比数据见表6.1。

表6.1 2015年9月10日与2015年12月29日中科院知识库网格数据对比

| 对比指标 | 2015年9月10日数据 | 2015年12月29日数据 |
|---|---|---|
| 知识对象个数/个 | 660060 | 693970 |
| 全文知识对象个数/个 | 500225 | 517898 |
| 累计浏览量/次 | 103891733 | 110183544 |
| 累计下载量/次 | 12951291 | 13825367 |
| 系统外浏览量/次 | 101197520 | 107259371 |
| 系统外下载量/次 | 12295891 | 13075348 |
| 国外浏览量/次 | 18932799 | 19872248 |
| 国外下载量/次 | 5132287 | 5347865 |
| 篇均下载量(按全文数量计算)/次 | 25.89 | 26.70 |
| 院外浏览量占总浏览量比例/% | 97 | 97 |
| 国外浏览量占总浏览量比例/% | 18.22 | 18.04 |
| 院外下载量占总下载量比例/% | 94.94 | 94.58 |
| 国外下载量占总下载量比例/% | 39.63 | 38.68 |
| 国外浏览量转化为下载量比例/% | 27.11 | 26.91 |

从表6.1的数据可以看出,中国科学院科研人员通过把学术成果提交到知识库网格大大扩大了其学术成果在中国科学院系统外特别是在国外的传播范围,比仅仅被期刊收录或者被商业数据库收录的传播效果要好得多,体现了机构知识库对科研人员带来的学术声誉和影响力方面的效益。

## 6.2.4 对用户的价值

信息获取是有成本的,当要获得特定科研机构的各类研究成果时,仅仅通过商业数据库的检索与原文获取是远远不够的。一方面,下载商业数据库的期刊论文需要支付一定的费用;另一方面,没有一个商业数据可以包含所有的期刊论文。因此,访问论文作者单位的机构知识库,不仅可以帮助用户访问目标知识对象的题录信息,而且很多机构知识库提供免费原文的下载服务,以促进成果的开放共享。此外,机构知识库还收录公开发表的期刊论文之外的很多知识对象。这些知识对象包含的类型多样,格式多样。

以2015年12月中国科学院知识库网格为例,中国科学院机构知识库建成后,101个研究所的科研成果,在不涉密的情况下,将面向全民提供免费阅读、下载和利用。用户通过访问机构知识库可以访问中国科学院科研人员发表的期刊论文、研究报告、会议论文、演示报告、专著章节/文集论文、专著、学位论文、文集和其他成果。这些类型知识对象的具体数量见表6.2。这6555个知识对象数量虽然没有达到万的级别,但对于机构知识库的各类访问者和用户而言,有针对性地浏览、检索和下载知识对象,并进行学习。同时,中国科学院力学所的机构知识库已经涵盖建所以来所有能收集到的科研资料和研究成果,而且可以记录一篇研究论文从开始构思到最终发表的几个版本,机构知识库的用户可以非常方便地查阅到各种资料,从而不仅学习研究人员的成果,而且了解科研成果形成的过程,这无疑大大促进了学术交流的发展。

表6.2 中国科学院文献情报中心机构知识库各类知识对象的数量(截至2015年12月)

| 内容类型 | 数　量 | 内容类型 | 数　量 |
|---|---|---|---|
| 期刊论文 | 4973 | 专著 | 62 |

| 内容类型 | 数　量 | 内容类型 | 数　量 |
|---|---|---|---|
| 研究报告 | 587 | 学位论文 | 9 |
| 会议论文 | 380 | 文集 | 6 |
| 演示报告 | 374 | 其他成果 | 465 |
| 专著章节/文集论文 | 167 | | |

中国科学院知识网格收录对象的类型及数量,更能说明机构知识库的实施能够为用户提供其他渠道无法获取的知识对象。中国科学院知识网格收录对象的相关统计见表6.3。

表6.3　中国科学院知识网格收录知识对象及数量

| 知识对象类型 | 数量/篇 | 知识对象类型 | 数量/个 |
|---|---|---|---|
| 期刊论文 | 474496 | 会议录 | 202 |
| 会议论文 | 70885 | 影音/多媒体 | 135 |
| 学位论文 | 61112 | 学术报告 | 135 |
| 会议文集 | 31533 | 标准 | 55 |
| 专利 | 30437 | 图像 | 42 |
| 成果 | 5718 | 数字文献资源系列培训 | 40 |
| 专著/译著/文集 | 4941 | 年报 | 34 |
| 其他 | 2114 | 会议简讯 | 25 |
| 演示报告 | 1031 | 培训学习材料 | 22 |
| 研究报告 | 723 | 科技信息简报 | 7 |
| 专著章节/文集论文 | 314 | 数据集/科学数据 | 2 |
| 科普 | 259 | 分析报告 | 1 |

表6.3中,除了474496篇期刊论文、70885篇会议论文、61112篇学位论文等公开出版的之外,还提供了多种类型的知识对象。中国科学院知识库网格收录各研究所申请的专利30437个。通过检索国家知识产权局专利数据库[5],得到中国科学院各研究所为专利权人或者合作专利权人的专利共计137526个(检索日期为2016

年1月14日）。中国科学院机构知识库网格收录的专利数量占全部专利数量的22%。机构知识库收录演示报告1031个,研究报告723个,影音和多媒体文件135个。这些类型的知识对象,是机构知识库的用户从其他渠道无法获取的。

## 6.2.5　科研人员的效益

通过把科研成果提交到机构知识库,除了科研机构的强制或鼓励措施之外,还源于科研人员有一定的愿望期许,即希望通过提高科研成果的被引率、下载率、被阅读次数的提高,给自己带来与学术成果相应的利益,包括研究水平的提高、威望、科研经费、晋升、待遇的提高等。与这些收益相比,学术机构工作人员仅花费少量时间向学术机构知识库提交知识成果的知识转移行为将是不错的选择。这是机构知识库效益的重要组成部分,也是激励机构科研人员向知识库提交知识对象的重要动机之一。

Leslie Carr和Stevan Harnad研究发现,学术机构工作人员向学术机构知识库提交一篇论文的时间大约10分钟,而学术机构工作人员每篇论文10分钟的时间投资能够获得在论文被引率和论文被下载和阅读方面至少200%的回报[6],即把学术论文发布到学术机构知识库中可以提高论文的影响力。以中国科学院机构知识库网格为例,通过把个人的科研成果提交的机构知识库,大大提高了成果的传播范围和下载次数,对于提高学术成果的影响力具有重要的推动作用。

下面将通过对中国科学院知识库网格2015年9月10日与2015年12月29日各项指标数据的对比,来分析机构知识库对科研人员学术成果传播的正影响,具体对比数据见表6.1。表6.1显示,在3个多月的时间内,中国科学院知识库网格共增加知识对象3.3910万个,增加知识对象全文1.7673万个,累计浏览次数增加629.1811万次,累计下载次数增加87.4076万次,系统外浏览次数增加606.1851万次,系统外下载次数增加77.9457万次,国外浏览量增加93.9449万次,国外下载量增加21.5578万次,知识对象全文篇均下载量从25.89次/篇增长为26.7次/篇,院外浏览量占总浏览量的比例超过97%,国外浏览量占总浏览量的比例超过18%,院外下载量占总下载量比例超过94%,国外下载量占总下载量比例超过38%,国外浏览量转化为下载量比例超过26%。从以上数据可以看出,中国科学院科研人员通过把学术成果提交到知识库网格大大扩大了其学术成果在中国科学院系统外特别是在国外的传播范围,比仅仅被期刊收录或者被商业数据库收录的传播效果要好得多,体现了机构知识库对科研人员带来的学术声誉和影响力方面的效益。再比如,截止2015年12月29日,中国科学院文献情报中心机构知识库中包括7023个知识对象,其中全文知识对象为6788个,每个知识对象的平均访问次数为776次,平均下载量为154次。表6.4是中国科学院文献情报中心机构知识库的下载次数超过1000次的科研产出情况在2015年9月17日和12月29日的对比情况。从表6.4中可以看出,下载次数超过1000次的知识对象从17个增长为18个[7],且19个知识对象的下载量均有增加,增长的数量见图6.1。从图6.1总可以看出"科学数据开放共享的权益政策问题与基础设施需求"一文的下载量增长最多,达到236次,被下载次数排名,从14名提高到第11名,其次是"Profiling Social Networks: A Social Tagging Perspective"和"EndNote在LaTeX中的运用",分别增长了105次和86次,后者排名从16名提高到15名。这三个下载量增长最多的知识对象,仅有一篇为期刊论文,从侧面验证了,学术机构知识库的运行,可以提高科研人员科研成果,特别是非期刊论文的科研成果的访问量和下载量,这些知识对象的访问量和下载量的提高,均可以提高科研人员的影响力。

表6.4　中科院文献情报中心机构知识库下载超过1000次的作者科研产出列表

| 题　　目 | 内容类型 | 第一作者 | 9月17日<br>下载量/次 | 12月29日<br>下载量/次 |
|---|---|---|---|---|
| Profiling Social Networks: A Social Tagging Perspective | 期刊论文 | Ying Ding | 3077 | 3182 |
| 文献计量的可视化表现 | 演示报告 | 王雪梅 | 2428 | 2485 |
| 搭建基于云计算的开源海量数据挖掘平台 | 期刊论文 | 赵华茗 | 2372 | 2418 |
| 国外技术路线图的绘制方法现状研究 | 研究报告 | 柯春晓 | 2345 | 2403 |
| 对查新工作中几个问题的探讨 | 期刊论文 | 袁飞 | 2173 | 2224 |

| 题　目 | 内容类型 | 第一作者 | 9月17日<br>下载量／次 | 12月29日<br>下载量／次 |
|---|---|---|---|---|
| 激光雷达技术研究与应用<br>国际发展态势分析 | 研究报告 | 王海霞 | 1907 | 1968 |
| Data Collection System for<br>Link Analysis | 会议论文 | Bo Yang | 1770 | 1797 |
| 1979~2010年我国图书馆史<br>研究的定量分析 | 期刊论文 | 庞弘燊 | 1662 | 1704 |
| 土壤污染修复国际发展<br>态势分析 | 专著 | 袁建霞 | 1592 | 1670 |
| 技术路线图理论与<br>应用研究 | 研究报告 | 刘细文 | 1342 | 1381 |
| 云计算及其应用的开源<br>实现研究 | 期刊论文 | 赵华茗 | 1282 | 1294 |
| 学术博客链接结构及其<br>交流特性分析 | 期刊论文 | 史新艳 | 1259 | 1274 |
| 颠覆数字图书馆的大趋势 | 期刊论文 | 张晓林 | 1154 | 1181 |
| 科学数据开放共享的权益<br>政策问题与基础设施需求 | 演示报告 | 顾立平 | 1129 | 1365 |
| Development of an<br>institutional repositories<br>network in Chinese Academy<br>of Sciences | 会议论文 | Zhu<br>Zhongming | 1062 | 1070 |
| EndNote在LaTeX中的运用 | 其他 | 邵伟文 | 1060 | 1146 |
| 数字图书馆云计算现状与<br>发展研究报告 | 研究报告 | 赵华茗 | 1059 | 1070 |
| SCI收录的气象与大气科学<br>类期刊介绍 | 期刊论文 | 王彦 | <1000次 | 1035 |

数据来源：http://ir.las.ac.cn/usage-top.

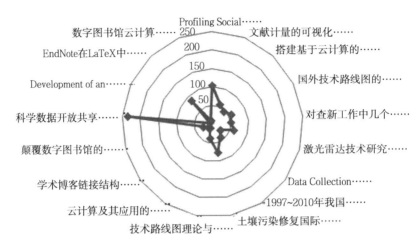

**图6.1 下载量超过1000次的知识对象12月比9月的下载次数增量**

由于"Profiling Social Networks: A Social Tagging Perspective"一文发表在数字图书馆杂志(D-Lib Magazine)上,该期刊为开放获取的网络期刊,所以其访问量和下载量无法统计。下面以赵华茗发表的《搭建基于云计算的开源海量数据挖掘平台》为例来说明机构知识库对期刊论文下载量的影响。该论文自2015年9月10日至12月29日期间,在机构知识库中的下载次数增加了46次,即从2372次增加为2418次;同期在清华同方总站(www.cnki.net)显示该篇论文下载次数增加了41次,即从1424次增加到1465次。这说明在同一时间段内,学术机构知识库中与商业数据库中,一篇期刊论文的下载量的增长是相当的,而累积的下载量方面,机构知识库远远高于商业数据库。18个科研产出成果中,期刊论文有8篇,会议论文2篇,研究报告4个,演示报告PPT2个,专著和其他类型各1个。如果没有机构知识库的开放共享,则科研人员的近1/2的科研产出,无法被圈子外了解,恰恰是通过把科研成果提交到机构知识库中,扩大了这些文献的学术传播范围。从以上数据可以看出,中国科学院科研人员的科研成果通过机构知识库不仅促进了机构外的用户以所见即所得的方式浏览、检索和获取知识对象,而且这种大大扩大了成果的影响范围。

通过上面的分析可以看出,学术机构的效益与科研人员的效益、图书馆的效益成正相关关系,一个参与主体的效益增加,对总体效益增加起积极的推动作用,反之,则起消极作用。因此,机构知识库的建设与维护是个系统工程,各个利益相关者之间需要相互配合,聚焦同一个目标,从而实现机构知识库整体效益的最大化。

## 6.2.6  学术机构的效益

学术机构的效益,不仅包括机构内的图书馆、单个科研人员的效益的集合,而且还可以充分利用互联网技术提升其整体效益。

由于机构知识库的目的之一是促进知识对象的传播,因此对于学术机构而言,其知识对象的传播范围越广,则其效益越大。为了提高机构知识库知识对象的传播速度,需要这些知识对象可以被发现,特别是被搜索引擎发现,这是由于资源商的商业数据库如Web of Science、万方数据,只索引正式出版的文献。Google Scholar一类的搜索引擎则没有这样的限制。Google曾经提供了专门的指南以保证机构知识库的知识对象能够被Google进行索引。

学术机构的效益与科研人员的效益、图书馆的效益成正相关关系,一个方面的效益增加,则对总体效益增加起到积极的推动作用,反之,则起到消极作用,因此,机构知识库的建设与维护是个系统工程,各个利益相关者之间需要相互配合,聚焦一个目标,从而实现机构知识库整体效益的最大化。

# 参考文献

[1] GAYATR I.Advanced learning technologies[R].Omaha,Nebraska:Seventh IEEE International Conference 2007,2007:432-433.

[2]中国科学院文献情报中心.中科院机构知识库网格[EB/OL].(2015-09-14)[2015-12-14]. http://www.irgrid.ac.cn.

[3]魏宇清.图书馆如何在现代学术交流体系中发挥作用[J].图书馆工作与研究,2007(2):23-25.

[4]PIORUN M. Digitizing dissertations for an institutional repository: a process and cost analysis[J]. J Med Libr Assoc, 2008,96(3): 223-229.

[5]国家知识产权局.专利检索与分析系统[EB/OL].(2014-05-08)[2016-01-14].http://www.pss-system.gov.cn/sipopublicsearch/portal/index.shtml.

[6] CARR L, HARNAD S.Keystroke economy: a study of the time and effortinvolved in self−archiving [EB/OL].(2015−03−05)[2015−06−05].http://eprints.ecs.soton.ac.uk/10688/1/KeystrokeCosting−pub-licdraft1.pdf.

[7]中国科学院文献情报中心.中科院文献情报中心机构知识库下载排行TOP100[EB/OL].(2014−08−12)[2015−06−11].http://ir.las.ac.cn/usage-top.